再生可能エネルギーと大規模電力貯蔵

太田健一郎 [監修]
Ken-ichiro Ota

横浜国立大学グリーン水素研究センター [編]
Yokohama National University Green Hydrogen Research Center

日刊工業新聞社

は　じ　め　に

　人類は現在、地球上に豊かな物質文明を展開しており、程度の差はあるが、その輝かしい成果を地球レベルで享受しているといってよいであろう。しかしこの豊かな物質文明は、化石資源の大量消費に支えられていることを忘れてはならない。化石資源は有限である。豊かな物質文明は人口の爆発的な増大をもたらしているが、その人口増加によってさらに化石資源の消費が激増するという負の連鎖を抱えている。さらに、化石資源の大量消費が地球レベルでの環境破壊を引き起こすことが明らかとなってきた。地球温暖化問題はまさに、未来の豊かな社会に警鐘を鳴らすものであり、現在の化石エネルギーに基づく文明の行き着くところは地球破壊につながる可能性もある。化石エネルギーに替わり原子力エネルギー利用も考えられるが、絶対安全な技術はないこと、さらには廃棄物処理に向けて有効な方法が見出されていない現状では、持続型社会を支えるのは困難であろう。
　これらの問題を根本から解決する方法の1つとして、世界的に再生可能エネルギーの本格利用に関心が高まっている。わが国でも昨年、東日本大震災が発生し、エネルギー政策の根本的な見直しが迫られている。その中で、これまで化石資源に依存してきたエネルギー供給を脱却し、再生可能エネルギーの導入が促進されている。
　しかし、再生可能エネルギーは時間的変動が大きく、かつ発電適地も地域的に限られており、エネルギーの利用拡大が進むにつれ輸送、貯蔵技術が重要となる。ここで再生可能エネルギーから産出された電気エネルギーの貯蔵物質としての化学物質、中でも水素がその役目を担うことが出来るはずである。われわれは再生可能エネルギーから製造した水素

を、特に「グリーン水素」と名づけ、未来のエネルギーシステムの中核をなす概念と位置づけている。そして、他の大規模な電力貯蔵システムとあわせることにより、より効率的な再生可能エネルギーの利用が促進されると考えている。

　本書では、再生可能エネルギーを本格的に人類文明に取り込みながら、高効率なエネルギー需要・供給ネットワークを形成するスマートグリッドと、それを支えるキーテクノロジーとなる大規模エネルギー貯蔵であるグリーン水素と大規模電力貯蔵システムに関して平易な解説を試み、再生可能エネルギー利用の促進を図ることを目的とした。

2012年3月12日

執筆者代表

横浜国立大学工学研究院　グリーン水素研究センター　名誉教授

太田健一郎

目　　次

はじめに …………………………………………………………………… *1*

第1章　日本のエネルギー事情

1.1　地球レベルでの課題 ……………………………………………… *6*
1.2　日本のエネルギー事情 …………………………………………… *9*

第2章　エネルギーの量と質

2.1　エネルギーとは何か ……………………………………………… *24*
2.2　熱力学第一法則 …………………………………………………… *25*
2.3　熱力学第二法則 …………………………………………………… *32*

第3章　再生可能エネルギーの可能性と課題

3.1　再生可能エネルギー概説 ………………………………………… *46*
3.2　太陽光発電 ………………………………………………………… *50*
3.3　風力発電 …………………………………………………………… *63*
3.4　水力発電 …………………………………………………………… *70*
3.5　地熱発電 …………………………………………………………… *74*
3.6　バイオマスエネルギー …………………………………………… *79*
3.7　再生可能エネルギー導入の課題 ………………………………… *83*

第4章　電力系統とスマートグリッド

4.1　スマートグリッドへの期待 ……………………………………… *90*
4.2　低圧ネットワークへの多数導入と問題点 ……………………… *92*
4.3　再生可能エネルギー発電大量導入時の周波数問題 …………… *94*

第5章　エネルギーキャリア―電気と水素

5.1　エネルギーキャリアへの変換 ……………………………… *100*

第6章　グリーン水素

6.1　水素エネルギーとは ………………………………………… *106*
6.2　水素の特徴 …………………………………………………… *109*
6.3　水素利用の歴史 ……………………………………………… *120*
6.4　物質循環と水素エネルギー ………………………………… *129*
6.5　水素のいろいろな製造法 …………………………………… *137*
6.6　大規模エネルギー貯蔵にむけた水電解技術 ……………… *152*

第7章　大規模電力貯蔵システム

7.1　エネルギーの種類 …………………………………………… *168*
7.2　電力貯蔵システムへの期待 ………………………………… *172*
7.3　電力貯蔵システム …………………………………………… *174*
7.4　化学エネルギーを用いた電力貯蔵 ………………………… *184*
7.5　電力貯蔵システムの横断的比較 …………………………… *208*

第8章　未来社会におけるエネルギーシステム

8.1　持続型成長への道 …………………………………………… *214*
8.2　未来の水素エネルギー社会 ………………………………… *217*

おわりに ………………………………………………………………… *220*
索引 ……………………………………………………………………… *221*

第1章 日本のエネルギー事情

　再生可能エネルギーへの期待が高まっている。その前提として、現在わが国ではどの程度のエネルギーが利用されているのか、どのように変わってきたのか、またその内訳はどうなっているのかを正確に知っておくことは大変重要である。

　本章では、わが国のエネルギー事情について概観し、さらに主要国と比較して、わが国の特徴を知っておこう。

 **地球レベルでの課題**

現在、人類は産業革命以降の科学技術の進歩に支えられ、程度の差こそあれ、その成果を地球レベルで享受しているといってよいであろう。しかし、この豊かな物質文明は、いま大きな問題に直面している。1つ目は資源の有限性、2つ目は物質文明を享受する人口の爆発的な増大、3つ目は物質文明を支える多量の物質消費に起因する環境破壊である。

図1-1に人類とエネルギーのかかわりを示した[1]。人類はおよそ50万年前に火の使用を始めたといわれている。これは物質の持つ化学エネルギーの熱エネルギーへの転化であった。化学エネルギーから熱エネルギーへの変換が生活に役立つことを見出したのである。熱は質の低いエネルギーであるがゆえに、変化は自発的に進行し、小規模ながら熱エネルギーを容易に利用することができた。この時代は長く続いた。

18世紀後半になると、熱機関を用いて、継続的に熱エネルギーを力学エネルギーに変換できるようになった。その後、ファラデーが電磁誘導の法則を発見し、力学エネルギーがさらに電気エネルギーに変換可能となった。その成果にもとづき、初めは石炭、後には石油の持つ化学エネルギーを継続的に大量に熱エネルギーに、さらに電気エネルギーまで変換し、莫大なエネルギーに支えられた文明を構築してきた。これは人類の輝かしい成果といってよいであろう。

また近年のエレクトロニクスの発達は目を見張るものがあり、人類の生活はますます便利で豊かになっている。エネルギー消費者であるわれわれは、使いやすい電気エネルギーを利用することが多いので、現代文明は電気エネルギーに支えられていると思っている人も多い。しかし、人類文明を支える根幹は、かつては石炭の、現在は石油や核燃料の持つ

1.1 地球レベルでの課題

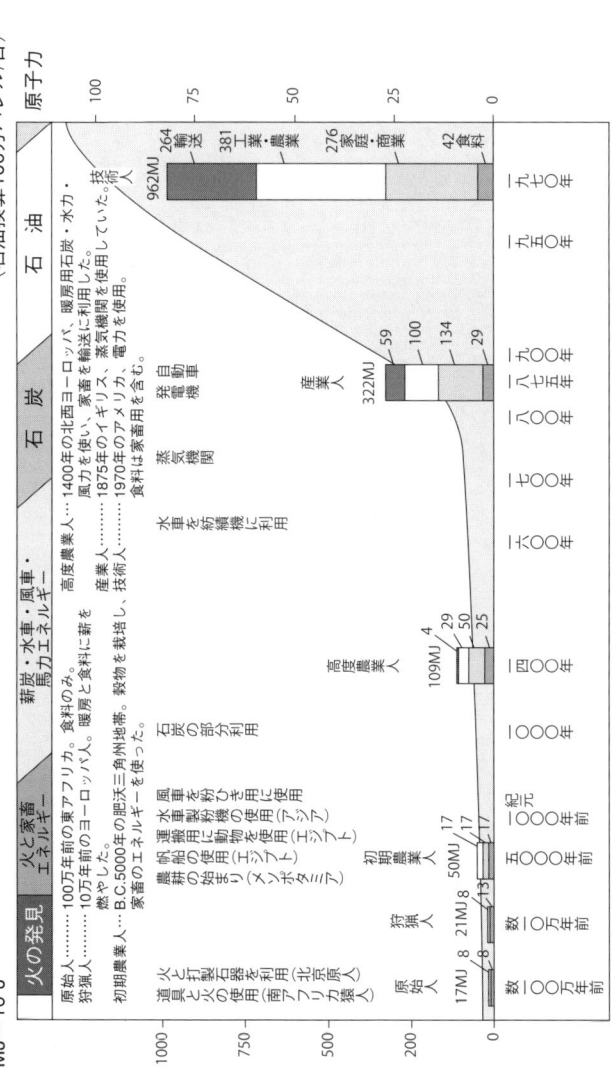

図1-1 人類とエネルギーのかかわり

資料：NIRA「エネルギーを考える－未来の選択－」に加筆 一部改変
(注1) 棒グラフ［一人当たりエネルギー消費量］（単位：メガジュール：MJ）。
(注2) 曲線グラフ［世界のエネルギー消費量］（単位：石油換算100万バレル/日）。
(注3) バレルとは原油の生産・販売の計量単位。1バレルは42ガロン（159リットル）。かつて原油が樽（バレル）で輸送されていたことに由来

化学エネルギーや核エネルギーから熱エネルギーへの変換であり、その状況はなんら変化していない。

豊かな物質文明を支えるためには豊かな物質資源が必要である。豊かな物質文明に支えられて、地球レベルでの人口が爆発的に増大している。この爆発する人口の豊かな生活を支えるために、さらに多くの物質資源が必要となっている。この物質資源は有限である。さらに多量の物質資源の利用は多量の排出物を生み出し、エントロピーの増大とともに、地球レベルでの環境問題を引き起こしている。

エネルギーの観点からみると、石油、石炭、天然ガスなど化石エネルギーの有限性、増大する人口の豊かな文明を育むためのエネルギーの多量消費、このエネルギーの多量消費、特に化石エネルギーの多量消費による大気中の二酸化炭素増大とそれに伴う地球温暖化問題、いずれも大きな問題を抱えている。これらの問題はお互いに密接に関連しており、簡単には解決できそうもない。

しかしながら、これからの人類の発展、持続型成長を確保するためには必ず解決する必要がある。それも、残された時間は長くはない。地球レベルでの問題をここ数十年の間に解決しなくてはならない。エネルギーシステムの変換には数十年という長期間を要することから、問題解決に向けては直ちに対応を進めることが必要である。

本書では、期待のかかる再生可能エネルギーの基礎と現状、そして課題について解説する。特に、再生可能エネルギーをベースとした「グリーン水素エネルギーシステム」の考えを述べる。そして、再生可能エネルギーを現代文明に取り込む際に重要となる「大規模電力貯蔵」についてていねいな解説を試みる。まず本章では日本のエネルギー事情がどのようになっているか現状を把握することからはじめよう。

1.2 日本のエネルギー事情

まず、エネルギーとは「仕事をなしうる能力を表す物理量」で、大きさは J（ジュール）単位で表す。重さ 102 グラムの物体を重力に逆らって 1 m 引き上げるために必要なエネルギーが 1 J である。1 cm^3 の水の温度を 1℃ あげるのに必要な熱量が 1 cal（カロリー）という身近な感覚で定義されていた cal（カロリー）とは

$$1 \text{ cal} = 4.184 \text{ J} \qquad (1\text{-}1)$$

の関係にある。

仕事率（power）は 1 秒間に出入りするエネルギー（J s^{-1}）は W（ワット）という単位で表され、秒をかけると J 単位のエネルギーになる。電力量は kW·h（キロワット時）で表示されるが、これは仕事率に時間をかけているのでエネルギー量を表しており、1 kW·h = 3.6 MJ（M：メガは 10^6）である。

1.2.1　6 つのエネルギー

エネルギーはさまざまな形態をとりうるが、主に電気、熱、力学、光、化学、核の 6 つがある。エネルギーの変換に関する規則は、熱力学の法則によって定められているが、その詳細は次章で解説する。

エネルギーにはいろいろな形態があり相互に変換されるが、人間が利用するために変換される前のエネルギー源、すなわち自然界に存在するエネルギー資源の総称が一次エネルギーである。これに対して、一次エネルギーを変換して別の形態で貯蔵あるいは利用されるエネルギーを二次エネルギーと呼ぶ。日本の一次エネルギーには、石油、石炭、天然ガスなどの化石エネルギーや、水力、地熱、太陽光など再生可能エネル

ギーや原子力がある。

　再生可能エネルギーとは、風力や太陽などのように絶えず資源が補充されて枯渇することのないエネルギーを指す。英語では Renewable energy という。自然エネルギーという用語もしばしば使われるが、ほぼ同義といってよい。

　新エネルギーという用語があるが、これは国が定めた新エネルギー法の第2条において定義されており、再生可能エネルギーのなかで、普及が十分でないもので普及促進のために支援を必要とするものと定義されている。政令で指定されることにより定義されるもので、現在は、具体的には中小水力、地熱（バイナリー方式のみ）、太陽光発電、太陽熱利用、風力発電、雪氷熱利用、温度差利用、バイオマス発電、バイオマス熱利用、バイオマス燃料などである。再生可能エネルギーであってもすでに普及している大規模水力発電と一般地熱発電、およびまだ支援段階に達していない波力発電や海水温度差発電などは含まれない。

　二次エネルギーには、精製された石油、都市ガス、電力、水素などがある。これらのエネルギーが仕事や熱として産業部門、運輸部門および民生部門で消費される。その消費量が最終エネルギー消費量である。

　このように一次エネルギーは供給側、最終エネルギー消費は需要側であり、需給量は資源エネルギー庁の総合エネルギー統計に記載されている。これらの区分に基づき、2009年度のわが国のエネルギーバランス・フロー概要を**図 1-2** に示す[2]。2009年度には一次エネルギーとして、$20,893 \times 10^{15}$ J が国内に供給された。一方、最終的に消費者が利用して消費した最終エネルギー消費は $14,394 \times 10^{15}$ J である。その差 $6,499 \times 10^{15}$ J は、一次エネルギーとして供給されてから、最終的に消費されるまでに、発電ロス、輸送中のロス並びに発電・転換部門での自家消費が発生し減少したエネルギー量である。特に、発電・送電損失が大きく、

全体としておよそ30％ものロスがあることがわかる。

1.2.2 最終エネルギー消費の推移

それでは最終エネルギー消費はどのように推移してきているだろうか。**図 1-3** に日本の最終エネルギー消費とその部門別内訳と実質 GDP の推移を示した[3]。1970 年代のオイルショックの経験から産業部門では省エネルギーが進み、産業部門のエネルギー消費をそれ以上伸ばさずに国内総生産（GDP）を増加させ経済成長することができた。1973 年度と比較して 2009 年度の産業部門の最終エネルギー消費は 0.8 倍とむしろ減少しており、最近はほぼ一定になっている。それに対して快適さや利便性を求めるライフスタイルの普及などを背景に民生部門（家庭部門および業務部門）のエネルギー消費は増加した。1973 年度と比較して民生部門が 2.4 倍（家庭部門 2.1 倍、業務部門 2.7 倍）、運輸部門が 1.9 倍となっている。

次にその最終消費エネルギーを供給している一次エネルギー量とその構成割合の推移を**図 1-4** に示す[4]。1960 年代〜1970 年代前半の高度成長期にはエネルギー消費が増大し、それに伴って一次エネルギー供給量も激増した。これを支えたのは、中東から安価で大量に輸入できた石油であった。1973 年度には、75.5％を石油に依存していた。この年の 10 月に起こった第一次オイルショックは日本経済に大きな影響を与えるとともに、石油代替エネルギーの導入を推進することになった。具体的には、原子力、天然ガス、石炭、新エネルギーが導入された。その結果、石油供給量は 1973 年度以降絶対量として増加しておらず、その全体に占める割合は 2009 年度には 42％にまで減少した。増加したのは、石炭（17％→21％）、天然ガス（2％→19％）、原子力（1％→12％）、新エネルギー（1％→3％）で水力はわずかに低下した。

第1章 日本のエネルギー事情

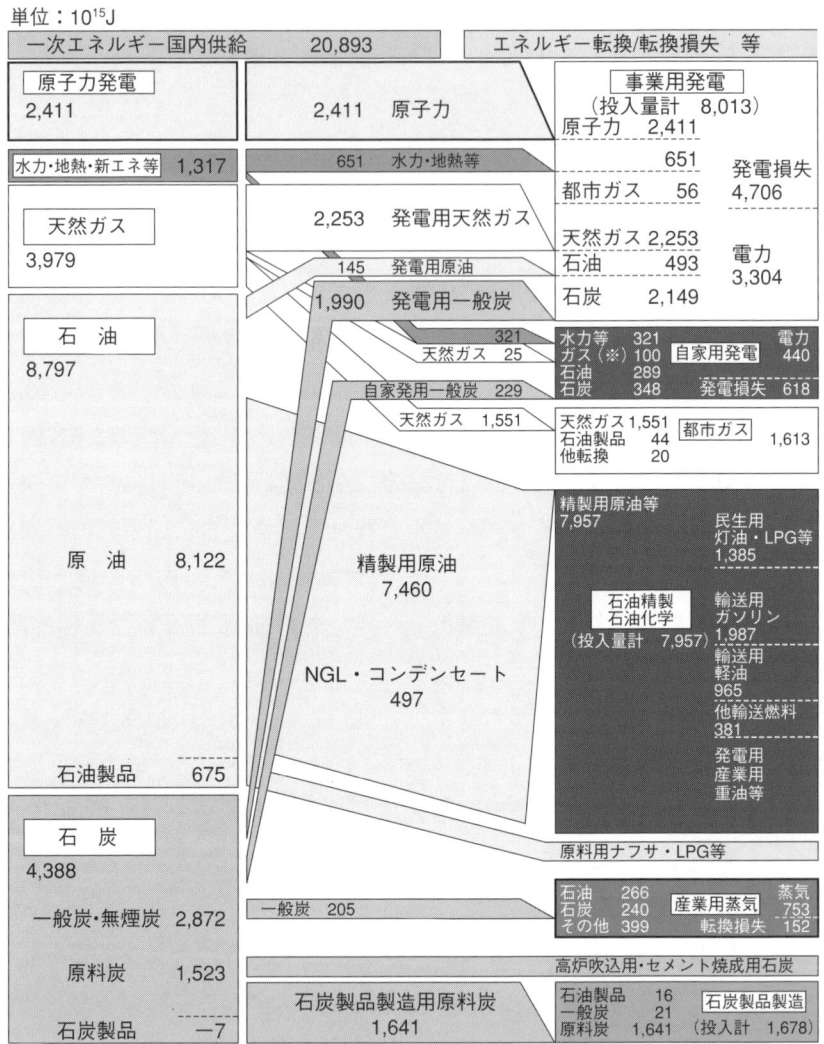

図1-2 日本のエネルギーバランス・フロー概要（2009年度、単位10^{15}J）

1.2 日本のエネルギー事情

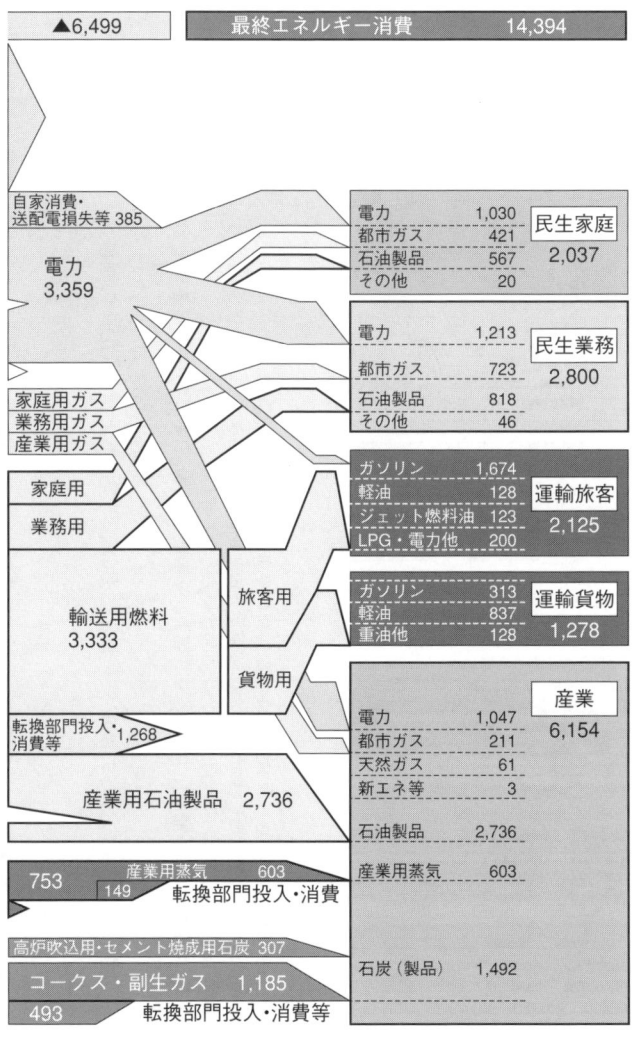

(注1) 本フロー図は，わが国のエネルギーフローの概要を示すものであり，細かいフローについては表現されていない。特に転換部門内のフローは表現されていないことに留意。
(注2) 「石油」は，原油，NGL・コンデンセートの他，石油製品を含む。
(注3) 「石炭」は，一般炭，無煙炭の他，石炭製品を含む。
(注4) 「自家用発電」の「ガス」は，天然ガスおよび都市ガス。
(出所) 資源エネルギー庁「総合エネルギー統計」

第1章 日本のエネルギー事情

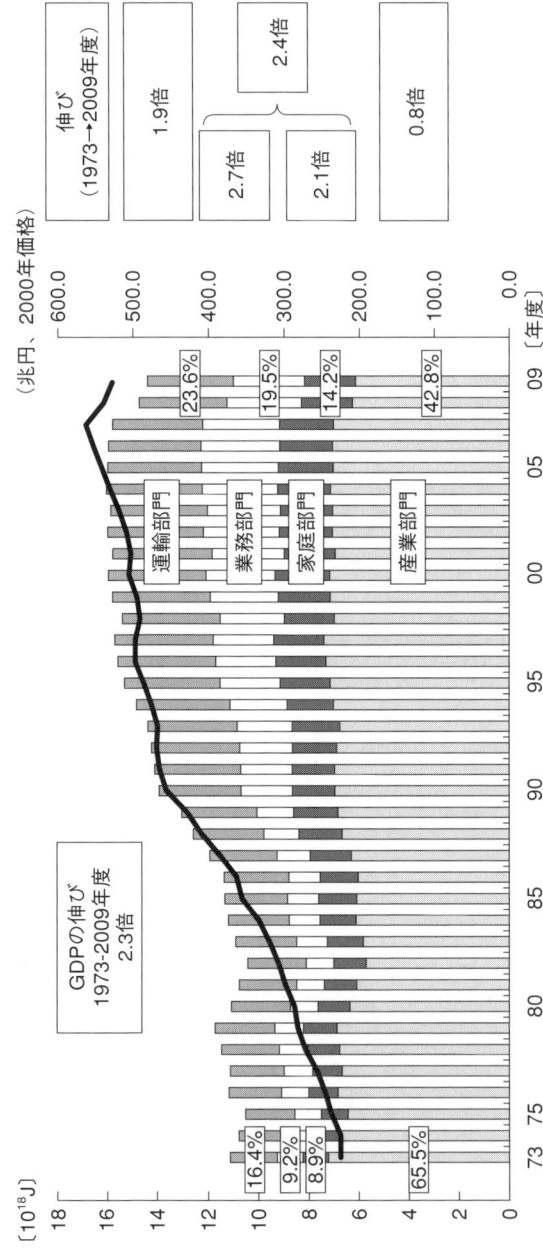

図1-3 日本の最終エネルギー消費とその部門別内訳と実質GDPの推移

(注1) J(ジュール)=エネルギーの大きさを示す指標の1つで、1MJ=0.0258×10⁻³原油換算kL
(注2) 「総合エネルギー統計」は、1990年度以降の数値について算出方法が変更されている。
(注3) 構成比は端数処理(四捨五入)の関係で合計が100%とならないことがある。
(出所) 資源エネルギー庁「総合エネルギー統計」、内閣府「国民経済計算年報」、(財)日本エネルギー経済研究所「エネルギー・経済統計要覧」

1.2 日本のエネルギー事情

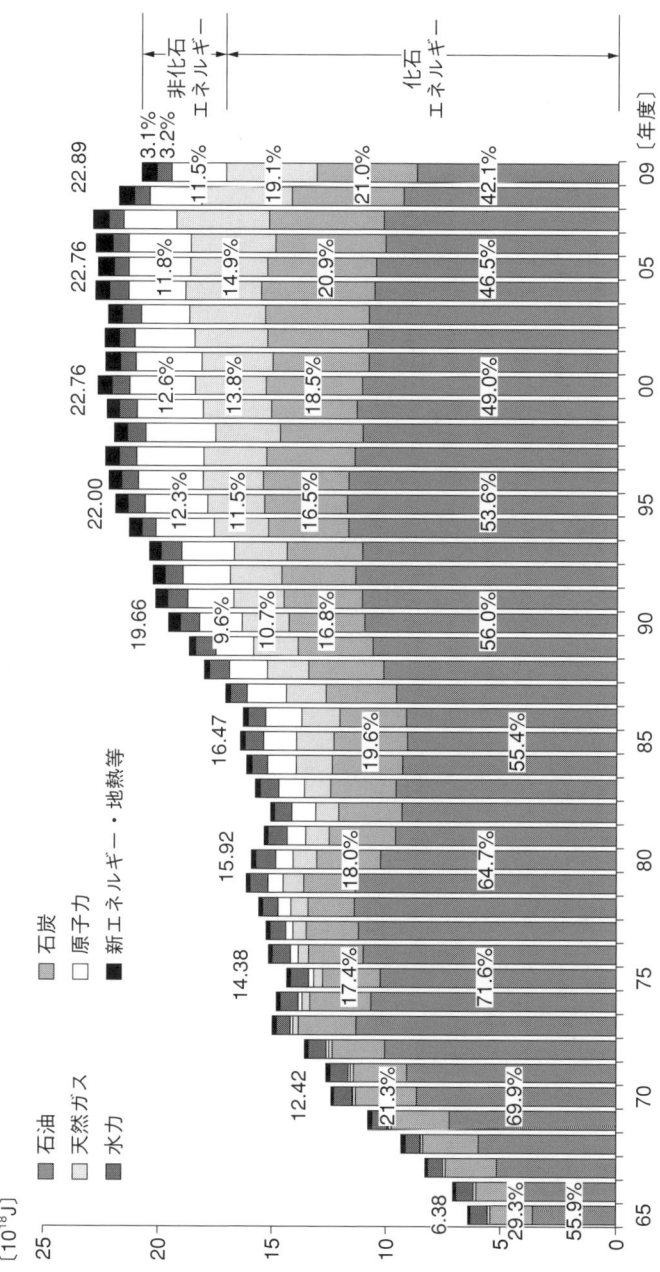

図1-4 日本の一次エネルギー量とその構成割合の推移

(注)「総合エネルギー統計」では、1990年度以降の数値について算出方法が変更されている。
(出所) 資源エネルギー庁「総合エネルギー統計」をもとに作成

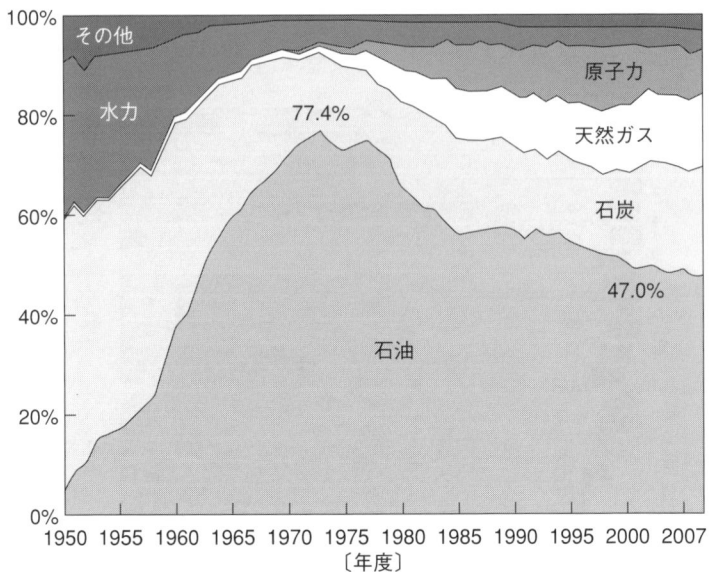

〔注〕1990年度以前の「総合エネルギー統計」では現在と異なる作成方法が用いられていることに注意。1953年以前は暦年。

図 1-5　日本の一次エネルギーの構成比率の推移

　図 1-5 に日本の一次エネルギーの構成比率の推移を示した[5]。2007 年度に日本に供給された一次エネルギーのうち、約 47％は石油が占めている。1973 年の 77％をピークにその割合は低下してきているが、ほかのエネルギー資源と比べ依然として占める割合が大きい。特に運輸部門を中心に石油への依存度がほぼ 100％である分野もある。また、石炭および天然ガスは化石燃料であり、石油を合わせた化石燃料合計では 80％強を占めている。化石燃料は、有限であること、二酸化炭素を放出すること、エネルギー安全保障の観点から、使用を抑制していく必要がある。さらに福島第一原子力発電所事故の影響から原子力に多くを依存することは事実上困難な状況であり、わが国のエネルギー政策は抜本的な見直しを迫られている。

次に日本の発電電力量とその構成割合の推移を**図 1-6** に示す[6]。2009年度の電力構成割合は、原子力 29.2％、石炭火力 24.7％、LNG 火力 29.4％、石油等火力 7.6％、水力 8.1％であった。原子力発電は 1955 年の原子力基本法の制定以来、導入が推進され、その発電電力量は 1973 年度と比べるとおよそ 30 倍に増加している。

石炭は確認可採埋蔵量が豊富でオイルショック以降、導入が推進され 2009 年度の石炭火力の発電電力量は、1973 年度と比べて約 13 倍になっている。LNG（Liquefied Natural Gas：液化天然ガス）は環境規制の厳しい都市圏での大気汚染を防止するうえで、きわめて有効な発電用燃料として導入されてきた。2 度のオイルショックを経て、石油代替エネルギーの重要な柱となり、その導入が促進されてきた。2009 年度の LNG 火力の発電電力量は、1973 年度との比較では 32 倍であり、飛躍的に増加したことがわかる。石油はオイルショック以降、石油代替エネルギーの導入により、その発電電力量は著しく減少した。2009 年度の石油等の火力発電電力量は、1973 年との比較では、30％程度にまで減少した。

1.2.3 期待されている再生可能エネルギー

ここで、期待されている再生可能エネルギーについてみてみよう。水力、地熱、太陽光、風力などの再生可能エネルギーによる発電量が全体に占める割合は、一般水力 7.3％、揚水 0.7％、新エネルギー 1.1％であり、すべてを合計しても 9.1％にしかすぎない。今後 30％近くを占めていた原子力の割合は低下すると予想されるが、それを補うために化石燃料の割合を高めることは、二酸化炭素の排出問題のために困難である。そうすると残されたのは、再生可能エネルギー導入を推進し、早い段階で比率を高めることである。

次に主要国と比較してわが国の現状を理解しておこう。**図 1-7** に

第1章 日本のエネルギー事情

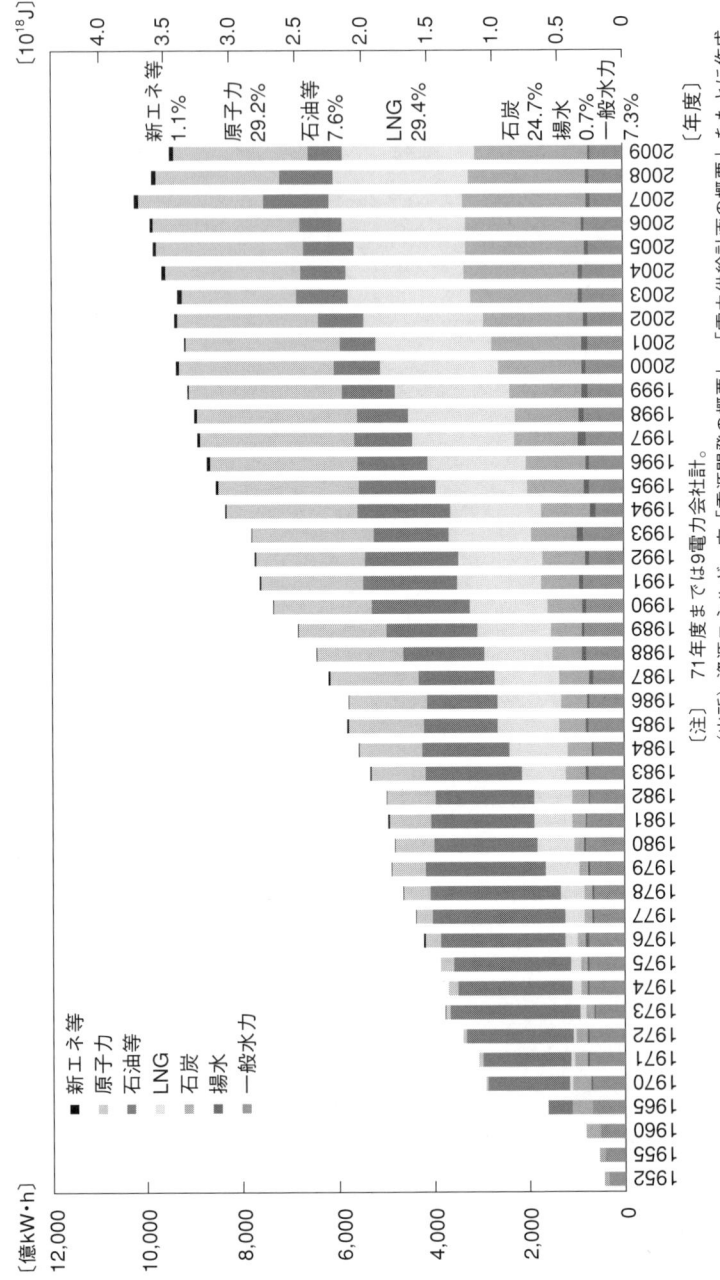

図1-6 日本の発電電力量とその構成割合の推移

[注] 71年度までは9電力会社計。
(出所) 資源エネルギー庁「電源開発の概要」、「電力供給計画の概要」をもとに作成

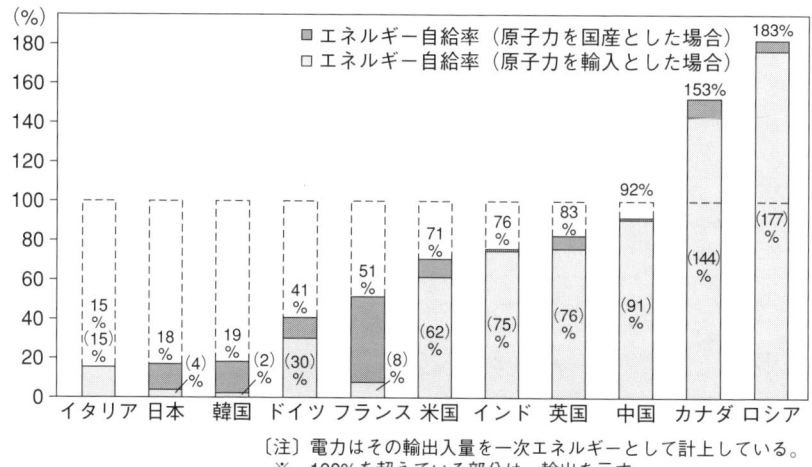

図 1-7　主要国のエネルギー自給率（2007 年）

2007 年度の主要国のエネルギー自給率を示した[7]。エネルギー自給率とは、一次エネルギー供給量のうち、自国内で供給している比率をいう。わが国はかつて国産石炭や水力といった国内で算出される天然資源を利用し、1960 年にはおよそ 60％のエネルギー自給率を示していた。しかし、高度成長期に安価な石油が大量に供給され、国産石炭から石油への転換が進み、それとともに石炭も輸入するようになった。

オイルショック後の石油代替エネルギーも、石炭、天然ガスや原子力といったほぼ全量が海外から輸入されている燃料に依存するエネルギーの導入を推進したため、自給率は激減した。2007 年のエネルギー自給率は、原子力を含めなければわずかに 4％である。原子力で使用しているウランは長期に使用することができるため準国産エネルギーと考えて、それを加えることにより自給率が 18％まであがっていたが、原子力発電が困難な状況では自給率は下がらざるを得ない。

図 **1-8** に 2008 年度における主要国の一次エネルギーの構成比率を示

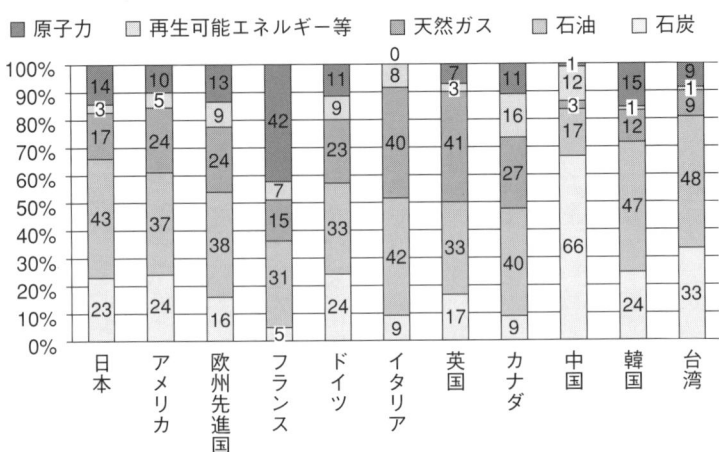

(出所) IEA Energy Balances of OECD/Non-OECD Countries

図1-8 主要国の一次エネルギーの構成比率（2008年実績）

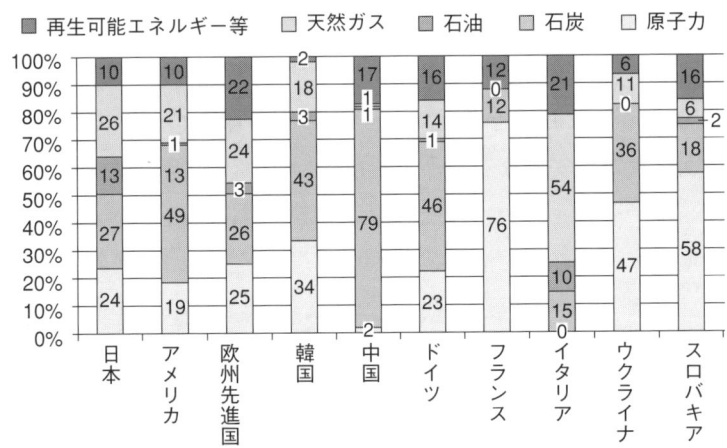

(出所) IEA Electricity Information 2010

図1-9 主要国の電源別電力供給構成の比較

す[8]。2008年度では日本は欧州先進国全体、米国、韓国と類似の一次エネルギー構成を持っていたことがわかる。原子力発電の割合の高いフランスを除いて、大部分の国で80％程度、化石燃料に依存している。次に、**図1-9**に主要国の電源別電力供給構成の比較を示す[8]。

エネルギー自給率の低い国や今後エネルギー需要が急増すると予想される国は原子力発電の構成比率が高い。欧州はフランスのように原子力の割合が80％近い国から、イタリアのように全く使用していない国まであるが、欧州全体は電力とガス管網で相互につながっているため、各国別ではなく、欧州全体で見ることが重要である。欧州全体での比率は日本と類似していた。以上がわが国のエネルギー事情である。

〔参考文献〕

1) 総合研究開発機構（NIRA）：エネルギーを考える―未来への選択―（1979）に加筆・一部改変
2) 経済産業省資源エネルギー庁：平成22年度エネルギーに関する年次報告（エネルギー白書2011）、p. 74（2011）
   http://www.enecho.meti.go.jp/topics/hakusho/2011/index.htm
3) 同上、p. 80
4) 同上、p. 82
5) 経済産業省資源エネルギー庁：日本のエネルギー2010、p. 3（2010）
   http://www.enecho.meti.go.jp/topics/energy-in-japan/energy2010html/index.htm
6) 経済産業省資源エネルギー庁：平成21年度エネルギーに関する年次報告（エネルギー白書2010）、p. 74（2010）
   http://www.enecho.meti.go.jp/topics/hakusho/2010/index.htm
   http://www.fepc.or.jp/present/jigyou/japan/
7) 経済産業省資源エネルギー庁：日本のエネルギー2010、p. 11（2010）
8) 経済産業省資源エネルギー庁：平成22年度エネルギーに関する年次報告（エネルギー白書2011）、p. 50（2011）

第2章 エネルギーの量と質

　エネルギーという言葉は一般にも用いられており、なじみの深い用語である。しかし、よくわかっているかというとなかなかとらえるのが難しいのではないだろうか。エネルギーを理解するためには、その性質（量と質）を知ることが大切である。

　本章では熱力学の法則から説き起こし、エネルギーの量と質について理解しよう。

第2章　エネルギーの量と質

2.1　エネルギーとは何か

　エネルギーの語源は、古典ギリシャ語で仕事を意味するエルゴンからでてきたエネルゲイアであるといわれている。現在の科学用語としてのエネルギーも「仕事をすることのできる潜在的な能力」と定義されている。しかしながら、「潜在的」とか、「能力」とか、およそ物理に馴染まないような抽象的な言葉で定義されており、いまひとつわかった気にならないのではないだろうか。あるいは、逆にあまりに日常的に使いすぎて、正確な意味を理解しないままでいるのではないだろうか。

　エネルギーを理解するための法則が熱力学の法則である。熱と仕事の間の定量的関係を記述する学問である熱力学には2つの法則があり、それがエネルギーの量と質を対象としている。そこで、本章では熱力学の2つの法則を理解し、エネルギー変換の基礎を学ぶことにしよう。

 熱力学第一法則

2.2.1 エネルギーの定義

まずエネルギーの定義から見直してみよう。エネルギーとは「仕事をする潜在的な能力」のことであった。仕事とは、物理的に「物体に力を加えてその力の方向に移動させること」と定義されている。つまり、エネルギーとは、物体に力を加えて、移動させることのできる潜在的な能力のことをいっている。ただし、加える力の種類や方法については何もいっていない。とにかく工夫をして動けばいいのである。

また、潜在的という用語は、ここでは「やろうと思えばできる」という意味で用いている。すなわち、物体を動かそうと思えば動かせる能力のことであって、必ずしも常に物体を動かす必要はないということだ。逆にいうと、人間が何らかの工夫をして、物体を動かすことができれば、それは仕事をしたことになるので、それはエネルギーだとみなしてよいことになる。

ではここで、身近な現象を例にとって、物体が動く現象と、それがなぜ動くのかという原因を考えてみよう。たとえば、掃除機を考えてみよう。掃除機は電源を差し込んでスイッチを入れるとモータが回転し、ごみを吸うという動作をする機器である。ごみが吸引力を受けて動いているので、仕事をしているといってよいだろう。モータの回転、これは物質の運動であり、それによって仕事ができるので運動はエネルギーであり、これを、そのままであるが運動エネルギーと呼ぶ。そして、モータがなぜ回転したかというと、それはコイルに電気が通り、「ファラデーの電磁誘導の法則」によってコイルに回転が生じたからである。すなわち、電気も物体を動かすことができるエネルギーなのである。

さらに、その電気はどこから来たのだろうか。電気は発電所から送られてくる。火力発電所では、採掘した化石燃料を燃やして、その熱で蒸気を発生させ、その蒸気の運動により発電機を回して電気をつくっている。その電気が送電線を通って運ばれてくるわけだ。そう考えてさかのぼって行くと、

電気エネルギー→発電機の運動エネルギー→蒸気の運動エネルギー
→熱→化石燃料

となる。つまり、熱もエネルギーであるといってよく、さらに化石燃料も回りまわって物体を動かすことができるのでこれもエネルギーである。ただし、化石燃料のように物質がもっているエネルギーは化石エネルギーとはいわずに、一般的に「化学エネルギー」と呼んでいる。

2.2.2 6種類の形態をもつエネルギー

さらにもっとさかのぼって化石燃料がどうやってできたか考えよう。化石燃料は太古の植物体や動物体が2～3億年かけて変化したものである。しかし、物質がもつエネルギーという意味で、化学エネルギーであることに変わりはない。そもそも太古の植物体や動物体を支えていたのは、植物の光合成である。光合成は、太陽光を利用して植物がブドウ糖をつくるプロセスである。つまり、太陽光も回りまわって掃除機を動かすことができるので、エネルギーなのである（もっとも太陽電池とモータを使えば、簡単に物体を動かすことができるが）。太陽光は太陽内部の核融合により生み出されているから、核融合もエネルギーである。

以上、エネルギーとしては、力学・電気（磁気）・光・化学・熱・核（核分裂・核融合）の6つを考えればよいであろう。

やっぱり不思議なことは、「これがエネルギーです」といって眼に見

せたり、触って感じたりすることができないことである。潜在的な能力なのだから当たり前だが、今一度「エネルギー」が実体のない奇妙な何か（奇妙な「もの」ではないことに注意）であることを認識した方がよいだろう。そして、第1章でみたように、われわれの文明社会はエネルギーを大量に消費することで成り立っている。そういうエネルギーという得体の知れない何かのうえに、われわれの人間社会が成り立っていることはとても不思議なことではないだろうか。

2.2.3　エネルギーの変換効率

さて、どうやらエネルギーにはいくつかの種類がありそうだということがわかった。さらに、エネルギーとは、それ単独で存在できるものではなく、必ず物体や現象に付随しているということがわかるだろう。また、先ほどの事象をたどっていく考察から、エネルギーは相互変換可能であることもわかるだろう。各種エネルギー間の変換プロセスで用いられる物理的・化学的現象や効果を**表 2-1**にまとめた[1]。この表のうち、力学エネルギーは、さらに固体の運動エネルギー、流体の運動エネルギー、ポテンシャルエネルギー、および圧力のエネルギーと分類した方が便利だと思われるが、それら相互間の変換装置を**表 2-2**に示した[1]。

さらに、本書では大規模電力貯蔵を扱うが、電気エネルギーは二次エネルギーとして非常に用いやすい。そこで、**表 2-3**に一次エネルギー源から始まって、エネルギー変換する際に用いられる主な変換装置と、その変換装置から最終的に電気エネルギーが取り出されるに至るプロセスでどのような形態のエネルギーをとるかを示した[2]。水力・風力・潮汐力・波力など力学エネルギーの変換では、水車・風車・タービンなどの回転機器によって高い変換効率で一次エネルギーが電気エネルギーに変換されるが、ほかのエネルギー源の場合には一度、熱エネルギーの形態

表2-1 各種エネルギー間の変換プロセスで用いられる物理的・化学的現象や効果

変換後＼変換前	力学エネルギー	熱エネルギー	化学エネルギー	電気(磁気)エネルギー	核エネルギー	光エネルギー
力学エネルギー	力学エネルギー間の相互変換	物体(作動流体を含む)の状態変化	浸透圧	電磁誘導 圧電効果 磁わい効果 静電力	核分裂、核融合(粒子的)	ふく射圧
熱エネルギー	摩擦、衝突	熱伝導 熱伝達	発熱・吸熱反応(化合・解離)	ジュール発熱 熱電逆効果	核分裂・核融合	ふく射線吸収
化学エネルギー	物理的同位元素分離	熱解離	化学反応	電解 電気浸透	同位元素転換放射線化学反応	光化学反応 植物同化作用
電気(磁気)エネルギー	電磁誘導 圧電気効果 磁わい効果	熱電効果 熱磁気効果 熱電子効果	電極電位効果 燃料電池効果	電磁誘導(相互変換)	荷電粒子放射	光電・磁効果 光子電池効果
核エネルギー	—	—	—	—	増殖	—
光エネルギー	トリポルミネッセンス	熱ふく射	発光反応	アーク メーザ レーザ 放電発光	各種放射線放出	けい光反応 りん光反応

を経て、力学エネルギーから電気エネルギーへの変換が行われている。

　後述するように、熱エネルギーを100%の効率でほかのエネルギーに変換することは不可能である。これは熱がエネルギーとして質が低いことを意味する。このことは、エネルギー変換効率を考えるうえできわめて重要である。

2.2 熱力学第一法則

表2-2　力学エネルギー相互間の変換装置

変換前＼変換後	固体の運動エネルギー	流体の運動エネルギー	ポテンシャルエネルギー	圧力のエネルギー
固体の運動エネルギー	伝動装置リンクなど	プロペラポンプ	（投げ上げ）	ピストン軸流圧縮器
流体の運動エネルギー	タービン風車水車	インジェクタエゼクタ	（揚水）	ディフューザー
ポテンシャルエネルギー	（落下）	（流下）	ケーブルカー	（静水圧への変換）
圧力のエネルギー	ピストン	ノズル	水圧リフト	水圧変換器

注）カッコ内は現象を表す。

表2-3　各種一次エネルギーから電気エネルギーへの変換

一次エネルギー源	変換装置	エネルギー変換過程	発電方式
水　　　　力	水　　車	力学→力学→電気	水　力　発　電
化　石　燃　料	熱　機　関（主としてタービン）	化学→熱→力学→電気	火　力　発　電
核　燃　料	原　子　炉	核→熱→力学→電気	原　子　力　発　電
太　　　　陽			
太　陽　熱	熱　機　関	光→熱→力学→電気	太　陽　熱　発　電
太　陽　光	太　陽　電　池	光→電気	太　陽　光　発　電
風	風　　車	力学→力学→電気	風　力　発　電
地　　　熱	熱　機　関	熱→力学→電気	地　熱　発　電
海　　　洋			
潮　汐　力	タ　ー　ビ　ン	力学→力学→電気	潮　汐　発　電
波　　力	タービンなど		波　力　発　電
バイオマス	反応器・熱機関	化学→化学→熱→力学→電気	バイオマス発電

2.2.4　熱力学第一法則

さて、いよいよ熱力学第一法則を考えよう。熱力学第一法則とは、これまで述べてきたエネルギーに関する法則であり、次のようなことを主張している。

① この世には、エネルギーという物理量が存在する（と考えてよい）
② エネルギーには各種の形態があり、相互に変換可能である
③ 全体のエネルギーは増えることも、減ることもなく一定である

重要なことは、これらの3つは、証明されるものではないということだ。これらは経験的に保証されている、つまりこれまで人類が誰一人としてこの法則に反する現象を体験したことがないという事実にのみ基づいているのである。なぜエネルギーなる物理量を考えるかというと、それを考えるといろいろな現象が統一的に理解できるためであって、すでに述べたようにわれわれはエネルギーを見ることも触ることもできないのである。そして、③がエネルギーの量的性質を表す内容になっており、全体としてエネルギーは保存されるということを主張している（エネルギー保存則）。そしてこのことは、エネルギーはいつでも仕事をするとは限らないこと、しかし仕事をしようがしまいが、全体としてエネルギーは常に保存されることを意味している。

2.2.5　熱力学第一法則がなかったら

さて、エネルギーの量的側面は理解できたと思うが、それだけでこの世の中で起こるさまざまな現象が説明できるだろうか。たとえば、この世の中に熱力学第一法則しかなかったらどうなるか考えてみよう（ただし、物質不滅の法則はそれが成り立つことを前提とする）。われわれがある物体を床に転がしたとする。物体はわれわれから運動エネルギーを与えられ、床の上を転がっていくがそのうち必ず止まる。

これをエネルギー保存則の立場からみると、物体の運動エネルギーが、床の熱エネルギーに変換され、物体は停止し、その代わり床が少しだけ温まることになり、きちんと保存されている。それでは、床に置かれて止まっている物質が、床から熱をもらって、突然動き出してはいけないのだろうか。床から熱をもらわずに物体だけが動き始めたら、何もないのに運動エネルギーが発生したことになってしまうので、それはエネルギー保存則に反している。しかし、替わりにちゃんと床から熱エネルギーを奪って、それが物体の運動エネルギーに変わるのであれば保存則に反していないはずである。しかし、そんなことは起こらない。

　考えてみれば、この世で起こる現象は、どうやら一方向に進んでいるような感じがしないだろうか。たとえば、温度の高い方から低い方へ熱は移動するが、その逆は自発的には起こらない。また、鉄は大気湿潤環境に置かれると発熱しながら錆びていくが、錆びた鉄が周りの熱を吸ってピカピカになることが自発的に起こることはない。あるいは、水とエタノールを混合したあと、少しかき混ぜてやると自発的に完全に混ざってしまうが、その後、比重が大きい水の方が重いからといって水とエタノールが自発的に分離することはない。

　いずれにも共通の「自発的に」という用語がポイントである。ここで「自発的に」とは、「放っておいて勝手に」というほどの意味である。もしいろいろと工夫をしてもよいなら、いくらでも可能である。たとえば、ヒートポンプは温度の低いところから高いところへ熱をくみ上げている。鉄も高温にして還元してからもってくればピカピカになる。水とエタノールも蒸留してやれば、それぞれ分離することができる。これらのことからわかることは、放っておいて勝手に進む変化と、いろいろと手をかけてやらないと進まない変化があるということである。実は、熱力学第二法則は、このような変化の方向性を表す法則なのである。

2.3 熱力学第二法則

熱力学第二法則は新しい「エントロピー」という物理量を用いて次のことを主張する。

① この世にはエントロピーという（変化の方向性を現す）物理量が存在する（と考えてよい）
② すべての自発的変化に伴って必ず全体のエントロピーは必ず増大する
③ 全体のエントロピーが増大する要因には、エネルギーの質の低下と物質がその存在空間を拡大することの2つがある

エントロピーという用語はわかりにくいといわれる。しかし、大切なことは、自然現象の変化にはある方向性があるということであって、別にエントロピーという用語を用いなくても本質が理解できればそれでかまわない。

さて、ここでは「自発的に」起こる変化と関連するのだが、まずエネルギー変換に関係した効率について考えていこう。すでに表2-1に各種エネルギー間の変換プロセスで用いられる現象や効果を、表2-2には力学エネルギー相互間の変換装置を示した。表2-2に掲げられている変換装置の理論最大効率は100％である。これらは理論的には100％相互に変換可能である。理論的にというのは、現実には摩擦があり、必ず一部が熱エネルギーに変わってしまうためである。表2-1に戻ると、力学エネルギー⇔電気エネルギーはどうだろうか。これは「ファラデーの電磁誘導の法則」だが、理論的には相互変換が100％可能である。光には黒体輻射光や誘導放出光などいろいろな種類がある。しかし、エネルギー資源を議論するときには、光エネルギーとして太陽光エネルギーを考え

れば十分である。太陽光エネルギーは、電気エネルギーと高い相互変換効率をもつ。力学エネルギー⇔熱エネルギーは少し違う。力学エネルギー→熱エネルギーは100％変換する。しかし実は、熱エネルギー→力学エネルギーは、理論的に100％にならない（絶対零度に到達できれば可能だがそれは不可能［熱力学第三法則］）。

太陽光エネルギー⇔熱エネルギーも、電気エネルギー⇔熱エネルギーも事情は同じである。そして実は熱に関しては熱エネルギーと一言でくくれないのである。

2.3.1 特殊な熱エネルギー

熱エネルギーに関しては、高温の熱エネルギーと低温の熱エネルギーでは、価値が全く違うのである。高温の熱エネルギーと低温の熱エネルギーを別物と考えると、高温の熱エネルギーは低温の熱エネルギーに100％変わることができる、それはつまり熱の高温部から低温部への移動ということである。しかし、低温部の熱が100％高温部の熱に変わることはありえない。次に化学エネルギーといってもこれもまた千差万別である。それはさまざまな物質が存在し、それぞれが異なったエネルギーをもっているためである。しかしたとえば、化学エネルギー→電気エネルギーの直接変換を行う化学電池では、たとえば水素酸素燃料電池では室温で83％と、理論的には80〜100％の高い効率で発電することができる。また、核エネルギーはいったん熱に変えて利用するので、ほかのエネルギーと直接の相互変換を行わないためにここでの議論では考慮しないことにする。

2.3.2 エネルギーには質がある

ここで、理論的に100％変換可能であることとそうでないことについ

て考えてみよう。理論的に100％相互変換可能ということは、それらはエネルギーとして同じ「質」をもっているといってよいであろう。そうではなくて、ある変換の一方向が100％でなかった場合、いったん効率が落ちてしまったら、再びすべてをもとのエネルギーにもどすことができない。これはエネルギーの「質が悪い」ために起こると考えよう。そうすると、エネルギーの質を図2-1のように示すことができる。つまり、エネルギーの質とは、理論的にどの程度相互変換可能であるかということであり、質が悪いということはそのエネルギーをより質の良いエネルギーに100％変換することができないことを意味する。

　力学・電気エネルギーはとても質の良いエネルギーで、お互いに理論的に100％相互変換可能である。太陽光は、表面温度6,000Kの太陽表面から放出されている。すなわち、太陽光は6,000Kの温度に対応する非常に質の良いエネルギーなのである。化学エネルギーは千差万別なのだが、それらよりも少し質が悪いエネルギーとみておこう。熱エネルギーに関しては絶対温度で無限大にある熱は力学エネルギーなどと等価であるが、温度の低下とともに質も低下し、絶対零度で最低の質をもつことになる。このようにエネルギーには質があるということはとても重

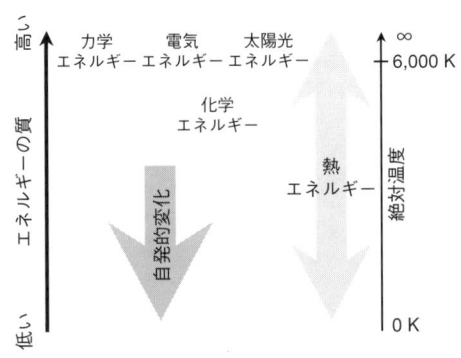

図2-1　エネルギーの質と自発的変化の方向性を示す概念図

要である。

さて、図2-1をよくみていると「自発的」変化との関係に気づかないだろうか。運動している物体が止まる（力学→熱）、高温から低温に熱が移動する、太陽光が地表を温める（光→熱）などは自発的に進行する変化であるが、それをエネルギーの質が悪くなるプロセスとしてとらえられないだろうか。言い換えると、どうやら自発的な変化は、エネルギーの質が悪くなる方向に進むといってよいのではないだろうか。これが熱力学第二法則の③が主張する、全体のエントロピーが増大する要因の1つとしてのエネルギーの質の低下である。

2.3.3 エネルギーの質の向上

しかしもう一度、エネルギー変換のことをよく考えてみよう。たとえば身近な例で、冷蔵庫やクーラーを考えよう。冷蔵庫もクーラーも、冷たい空間から熱を奪って、より温度の高い熱い空間に熱を捨てている。それを継続して行うから、冷蔵庫内やクーラーを設置している部屋は冷えるのだ。しかしこれは、エネルギー的には、低温部の熱エネルギー→高温部の熱エネルギーになっているではないか。これはエネルギーの質の向上なのではないか。ここでのポイントは「自発的に」ということである。高温部の熱エネルギー→低温部の熱エネルギーの変化は、特に何の工夫もなく、文字通り「自発的に」起こる。しかし、冷蔵庫やクーラーは何の工夫もなく動いているだろうか。われわれは重大なことに気づかなければならない。

すなわち、コンセントを電源に挿して電気を供給しないと冷蔵庫やクーラーは動かないということである。そして、その供給された電気エネルギーは最終的にどうなっていくのかというと、保存されてなくなることはないのだから、すべては熱に変わるということである!!冷蔵庫は

その背面が熱の捨て場で温かくなっているし、クーラーは室外機が熱を排出している。つまり、エネルギーの質という観点からは、低温部の熱エネルギー→高温部の熱エネルギーという質の良くなる変換は、電気エネルギー→高温部の熱エネルギーという質が悪くなる変換によって補償されているために起こるのである。

この様子を図 2-2 に示した。そして必要な電気エネルギーの量は、熱エネルギーの質が向上した量を補償するために必要な量になる。タービンなどの熱機関も同じである。熱機関は化学エネルギーから取り出した熱エネルギーを力学エネルギーに、そして最終的に電気エネルギーに変換するシステムである。化学エネルギーのところをとばして熱機関に伴うエネルギーの質的変化を示したものが図 2-3 である。熱機関の場合は、大量の高温部の熱エネルギー→低温部の熱エネルギーという、質を悪くする変換によって、熱エネルギー→力学エネルギーという質の良くなる変換を補償していると捉えることができる。ちなみに、熱機関の理論効率 η（高温部に供給した熱量に対して取り出しうる力学エネルギーの割合）は、高温部 T_H〔K〕と低温部 T_L〔K〕の温度だけできまり、

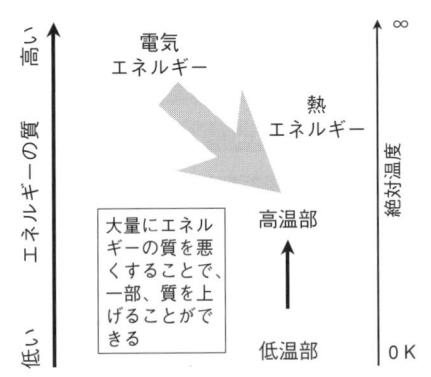

図 2-2　冷蔵庫やクーラーに伴うエネルギーの質的変化を表す概念図

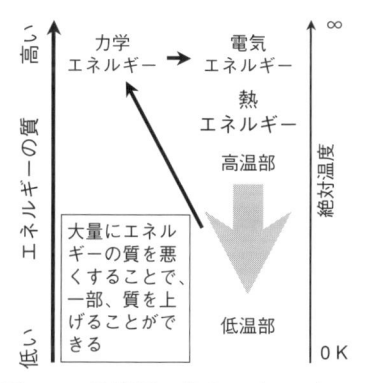

図2-3 熱機関に伴うエネルギーの
質的変化を表す概念図

$$\eta = 1 - \frac{T_\mathrm{L}}{T_\mathrm{H}} \qquad (2\text{-}1)$$

で与えられる。たとえば、タービンに供給する蒸気の温度が300℃（573 K：高温部）で、廃熱を20℃（293 K：低温部）の環境に捨てる場合、最大効率は49％にしかならない。すなわち、化石燃料から得られる化学エネルギーのおよそ半分しか電気として取り出せない。取り出せなかった半分の50％は、環境の廃熱として捨てられているのである。この変換効率50％は装置の工夫で改良できるものではなく、質の良い変換は質の悪い変換で必ず補償しなければならないという要請からでてくるものであり、避けられない。

　このように一部だけに注目してそこだけ見ているとエネルギーの質が上がっているような現象でも、それを補償するためにそれ以上にエネルギーの質を悪くするプロセスが存在しており、結局全体としてエネルギーの質が悪くなる方向に自発的な変化は進むといえる。

2.3.4　エネルギーの質の低下だけでは不十分

　さて、ある事実が「不変的な法則」となりうるかどうかは、それに例外がないことを確かめないといけない。エネルギーの質が低下することが、普遍的な法則となりうるかどうかはいろんな現象を考えることで確かめられる。たとえば、水に色の付いた水性インクを一滴たらすという現象を考えよう。インクはどんどん広がって拡散していく。このとき、インクをたらす前後で、エネルギーはほとんど変わっていない。すなわち、エネルギーの質の低下は起こっていない。にもかかわらず、インクの拡散という自発的変化は起こっている。

　また、化学現象において発熱反応が進行しやすいことはよく知られている。携帯用カイロでは鉄粉がさびるという反応が進行してそれに伴う発熱によってわれわれは温まっている。われわれは都市ガスが燃焼する際の発熱を利用して調理を行う。これらは化学エネルギー→熱エネルギーになっている。しかし、世の中には吸熱反応もある。たとえば、携帯用の冷却パックが市販されている。パックの中には硝酸アンモニウムという物質が入っており、これが水に溶ける変化を利用している。これはエネルギー的には熱エネルギー→化学エネルギーであり、発熱反応の逆であり、エネルギーの質として良くなっている。

　インクや冷却パックのように、必ずしもエネルギーの質の低下を伴わない自発的変化も世の中には多く存在する。つまり、エネルギーの質の低下だけが、自発的な変化の方向性を決めるものではないということである。それでは、エネルギーの質の低下以外にどのような基準がありそうだろうか。それが第二法則の③で述べられている「物質がその存在空間を拡大する」ことなのである。インクの拡散と硝酸アンモニウムの水への溶解に共通していることは、インクは水に広がっていくのでその存在空間が広くなっていること、硝酸アンモニウムはイオンになって溶解

し、やはり同じように存在空間が広がっていることである。

　驚くべきことに、この一見何の関係もない「エネルギーの質の低下」と「物質の存在空間の拡大」が、世の中のすべての自発的変化の方向性を決めているのである。正確には「エネルギーの質の低下」と「物質の存在空間の拡大」の兼ね合いで、自発的変化の方向性が決まるといってよい。このことは1865年にクラウジウスによって発見された。

2.3.5　エントロピーはとても便利

　さて、ここでいよいよエントロピーの出番である。世の中のすべての自発的な変化が「エネルギーの質の低下」と「物質の存在空間の拡大」の兼ね合いで決まることはわかった。しかし、ある変化が自発的に進行するかどうかを考えたり、説明したりするのに、両者に共通する概念あるいは定量的数値で統一的に表現したり議論できたら、とても有用であることはわかるだろう。実はそれが、エントロピーである。つまり、エントロピーとは、全く別の現象のように思える「エネルギーの質の低下」と「物質の存在空間の拡大」を、同じ単位で定量化でき、しかもそれ足し引きで反応の方向が決められるというきわめて神秘的かつ役に立つ物理量なのである。そして、増えても減ってもどちらでもよかったのだが、エネルギーの質が低下する方向と物質が存在空間を拡大する方向、つまり自発的に変化が進む方向を、エントロピーが増加する方向と決めたのである。

　したがって、第一法則と同様に、なぜエントロピーが増大するのか、すなわち、なぜエネルギーの質は悪くなろうとするのか、なぜ物質はその存在空間を拡大しようとするのか、それらは経験則であって、証明することはできない。世の中はそうなっているのである。

2.3.6 全体のエントロピー変化を求める

いくつかの化学現象を具体的にみてみよう。
① 鉄がさびる反応
② 硝酸アンモニウムの水への溶解反応
③ 水の直接分解反応

表 2-4 に 25℃、1 気圧における、それぞれの反応に伴うエネルギーの質の変化に伴うエントロピー変化、物質の存在空間の変化に伴うエントロピー変化、そして全体のエントロピー変化を示した。反応式における (s)、(l)、(g) および (aq) は物質の状態を表しておりそれぞれ固体、液体、気体および水に溶けた状態を意味する。

またエントロピーの単位は J K^{-1} mol^{-1} である。mol は反応式の化学量論係数に応じた物質量が反応したことを意味する(たとえば Fe(s) なら2モル分がさびた)。

①の鉄がさびる反応で注目すべきは、エネルギーの質の変化に伴ってエントロピーが大きく増大することである。エントロピーが増大することは、エネルギーの質が低下することを意味する。つまり、この反応は

表 2-4　いくつかの反応に伴うエントロピー変化

25℃、1 気圧	エネルギーの質の変化に伴うエントロピー変化	物質の存在空間の変化に伴うエントロピー変化	全体のエントロピー変化	自発的に進むかどうかの評価
①鉄がさびる反応 $2Fe(s) + \frac{1}{2}O_2(g) = Fe_2O_3(s)$	＋2766	－275	＋2491＞0	自発的に進む
②硝酸アンモニウムの水への溶解反応 $NH_4NO_3(s) + 大量の水 = NH_4^+(aq) + NO_3^-(aq)$	－94	＋109	＋15＞0	自発的に進む
③水の直接分解反応 $H_2O(l) = H_2(g) + \frac{1}{2}O_2(g)$	－959	＋163	－796＜0	自発的に進まない

エントロピーの単位は J K^{-1} mol^{-1}

携帯用カイロでもわかるように、大きな発熱反応で化学エネルギー→熱エネルギーの質の低下が起こるのである。一方、物質の存在空間の変化に伴うエントロピー変化は負である。①の反応は気体の酸素分子が酸化物として固体になっている。つまり、自由に広い空間に存在していた酸素分子が、固体という狭い空間に取り込まれたことになる。これは、酸素の存在空間が減少していることを意味するので、エントロピーは負になっている。つまり、①の反応はエネルギーの質の低下という観点からは進みやすいが、物質の存在空間の拡大という観点からは進みにくい変化なのである。そして実際に進むかどうかとなると、それらの兼ね合いで決まる。なんとエントロピーを使えば、単純にその大小を比べて（符合を含めて足し合わせるだけで）その反応が自発的に進むかどうかわかってしまうのである！

結局、①では全体のエントロピー変化は $+2491\ \mathrm{J\ K^{-1}\ mol^{-1}}$ という大きな正の値なので、この反応はエネルギーの質が悪くなるほうが優勢に働いて、自発的に進行することがわかるのである。

②は硝酸アンモニウムの水への溶解反応であるが、これのエネルギーの質の変化に基づくエントロピー変化は負である。つまり、熱エネルギー→化学エネルギーでエネルギーの質は良くなっており、この観点からは自発的には進みにくい反応であるといえる。一方、物質の存在空間の観点からみると正の値をとる。これは、固体結晶としてある空間に限定されていた硝酸アンモニウムが、イオンになって水の中を移動できるようになり、存在空間が拡大したためである。この反応は、エネルギーの質の観点からは進みにくいが、物質の存在空間の拡大の観点からは進みやすいといえる。そしてその兼ね合いで、全体として $+15\ \mathrm{J\ K^{-1}\ mol^{-1}}$ になるため、自発的に進行することがわかる。

最後の例として③水の直接分解反応を考えてみよう。これは水素酸素

燃料電池とちょうど逆の反応である。水の分解に伴うエネルギーの質の変化に伴うエントロピー変化は大きな負の値である。つまり、大きな吸熱反応であることを表しており、熱エネルギー→化学エネルギーの変換が起こる。物質の存在空間に関しては、液体の水が、気体の水素と酸素になる反応であるから、存在空間が拡大していることは容易に想像がつく。すなわち、存在空間の拡大という観点からは起こりやすい反応である。実際にはというと、全体として大きな負値であり、この反応はエネルギーの質が良くなる傾向のほうが支配的で、水の分解は25℃、1気圧では自発的に進行しないことがわかる。そのため、水を分解したいときには、電気エネルギーや太陽光エネルギーを用いる必要があり、質の良い電気エネルギーや太陽光エネルギーの質が低下することにより、水の分解に伴うエントロピーの減少分が補償されてようやく進行するようになるのである。エントロピーの便利さが理解していただけただろうか。

2.3.7 クラウジウスの炯眼

一見、何の関係もない、「エネルギーの質」と「物質の存在空間」を同じ単位で定量化し、簡単な加減乗除で、すべての現象の変化の方向性が説明できる、あるいは予測できることになる。この概念を生み出したクラウジウスの炯眼には頭が下がる思いである。

さて、エネルギーの量と質に関してこれまで述べてきた。実際のエネルギー変換もすべてエントロピー的な側面をもっており、その観点からの考察も本来欠かすことができない。また、エントロピー的観点からは、一次エネルギーをいったん熱エネルギーという質の低いエネルギーに変えてしまうと、熱エネルギーは100％の効率で電気や運動エネルギーに変えることができない。そこで、一次エネルギーを熱エネルギーに変えない、すなわち熱機関を途中にはさまずに、電気エネルギーに直

接変換する技術の開発も進められている。これは直接発電と呼ばれることがあるが、そのいくつかの方式を**表2-5**に示した[3]。それぞれの詳細は専門書を参考にされたい[4][5]。ただし、これらは熱機関をはさまないものの、熱エネルギーという形態をまったくとらないのは太陽光発電と燃料電池のみである。したがって、残りの熱電子発電・熱電発電およびMHD発電はやはりエネルギー源である熱エネルギーを100％電気エネルギーに変換することはできない。最後に、各種エネルギー変換装置の実際のエネルギー変換効率を**表2-6**に示す。もちろん、望みのエネルギーに変換されなかった分は、熱になっているのである。

表2-5　いくつかの直接発電方式

発電方式	エネルギー源	変換装置	変換過程
太陽光発電	太陽光	太陽電池	光→電気
熱電子発電	任意の熱源	熱電子変換器	熱→電源
熱電発電	任意の熱源	熱電素子	熱→電気
燃料電池発電	燃料	燃料電池	化学→電気
MHD発電*	任意の熱源	MHD発電機	熱→力学→電気

*電磁流体力学的発電（magnetohydrodynamic power generation）

表 2-6　各種エネルギー変換装置のエネルギー変換効率

変換装置	エネルギー変換	変換効率
発電機	力学エネルギー→電気エネルギー	約 99%
大型モータ	電気エネルギー→力学エネルギー	90%以上
乾電池	化学エネルギー→電気エネルギー	90%以上
大型蒸気ボイラ	化学エネルギー→熱エネルギー	80〜90%
小型モータ	電気エネルギー→力学エネルギー	60〜70%
燃料電池	化学エネルギー→電気エネルギー	60〜70%
蒸気タービン	熱エネルギー→力学エネルギー	40〜50%
風力発電	力学エネルギー→電気エネルギー	30〜40%
ディーゼルエンジン	化学エネルギー→熱エネルギー→力学エネルギー	30〜40%
自動車エンジン	化学エネルギー→熱エネルギー→力学エネルギー	20〜30%
蛍光灯ランプ	電気エネルギー→光エネルギー	20〜30%
太陽電池	光エネルギー→電気エネルギー	10〜20%
白熱電球	電気エネルギー→光エネルギー	10%以下

〔参考文献〕

1) 電気学会大学講座エネルギー基礎論、p. 13、電気学会、オーム社（1989）
2) 同上、p. 14
3) 同上、p. 15
4) 向坊隆編：岩波講座 基礎工学 18 エネルギー論 I、岩波書店（1969）
5) 向坊隆編：岩波講座 基礎工学 18 エネルギー論 II、岩波書店（1970）
6) 中島篤之助著：「21 世紀のエネルギーと環境」、p. 140、新日本出版社（1995 年）

第3章 再生可能エネルギーの可能性と課題

　本章では再生可能エネルギーの可能性について考えよう。代表的な太陽光、風力、地熱、バイオマスという再生可能エネルギーを取り上げ、そのエネルギー変換の原理を理解しよう。そして、今それらの再生可能エネルギーがどの程度使われているかを知り、これらの課題について検討しよう。

第3章 再生可能エネルギーの可能性と課題

3.1 再生可能エネルギー概説

　自然界にはさまざまな形態でエネルギーが存在している。宇宙全体でエネルギーの総量は一定であるが、常に形態を変えて変化している。その中で、「太陽光、風力その他非化石エネルギー源のうち、エネルギー源として永続的に利用することができると認められるもの」が再生可能エネルギー源として法律[1]で規定されている。つまり、地球の自然現象の中で繰り返し利用できるエネルギーをいう。具体的には、太陽光エネルギーに基づくものとして太陽光発電、太陽熱発電、バイオマスエネルギー、風力発電、水力発電、海洋温度差発電、雪氷冷熱利用、空気熱利用、地中熱利用などがあり、それ以外として潮力発電や地熱発電、偏西風による風力発電などがある。

　太陽は内部で核融合を起こし質量をエネルギーを変換しており、毎秒6億5,700万トンの水素を6億5,300万トンのヘリウムに変えている。この失われた400万トンのエネルギーを空間に放出しており、その量は1年間で1.2×10^{34} Jという莫大な量となる。そのうち、22億分の1となる5.5×10^{24} Jが地球に到達する。雲などで反射するので反射率を45%として地表に届くのが年間3.0×10^{24} Jである。この量は、人類が2009年1年間に消費したエネルギー量（4.7×10^{20} J）の6,400倍にあたる。**表3-1**にこれらの値を示した[2]。このように莫大なエネルギーが太陽から地球に降り注いでいる。

(1) 多様な再生可能エネルギー

　太陽光発電や太陽熱発電は、太陽光エネルギーを直接電気や熱エネルギーに変換する。光合成は太陽光エネルギーを有機化合物の化学エネルギーに変換する。光合成に用いられるエネルギーは地表に届くエネ

表 3-1　太陽光エネルギーと世界のエネルギー消費

太陽光のエネルギー（年間値）

	測定値	相対値[※]
太陽が放射するエネルギー	1.2×10^{34} J	−
↓（22億分の1）		
地球の受ける太陽光エネルギー	5.5×10^{24} J	−
↓（半分近くが反射）		
地表＋海洋面に届くエネルギー	3.0×10^{24} J	6,400
↓（1,000分の1）		
光合成で固定されるエネルギー	3.0×10^{21} J	6.4
↓（200分の1）		
食糧になるエネルギー	1.5×10^{19} J	0.03
世界のエネルギー消費量(2009年度)	4.7×10^{20} J	1.00
（うち化石燃料分）	(4.1×10^{20} J)	0.88

[※]世界のエネルギー消費量（年間）を1とした場合の値

ギーの0.1％にすぎない（表3-1）。それでも年間光合成量は、乾燥重量ベースで、陸地で1,150億トン、海洋で約550億トンといわれている。

風力は大気の循環によって発生する。つまり、太陽光によって地表や海面が暖められ、それに接している空気も暖められて軽くなり上昇する。そのあとに流れ込んでくるのが風であり、そのエネルギーを利用するのが風力発電である。その源は太陽光エネルギーであるが、それに地球の自転運動が加わって地球上に多様な風がもたらされる。水力発電は太陽熱によって蒸発した水が大気上空で凝縮し水となって降り注ぐ雨や雪を利用するが、そのもとの原動力は太陽光である。

太陽光以外では、潮力発電は地球の自転や月の公転に伴って海水に働く潮汐力を利用している。地熱発電は地球内部から得られる膨大な熱エネルギーを利用している。このように多種多様な再生可能エネルギーが存在し、すでにわが国においても導入が始まっている。**図3-1**に日本の

第3章 再生可能エネルギーの可能性と課題

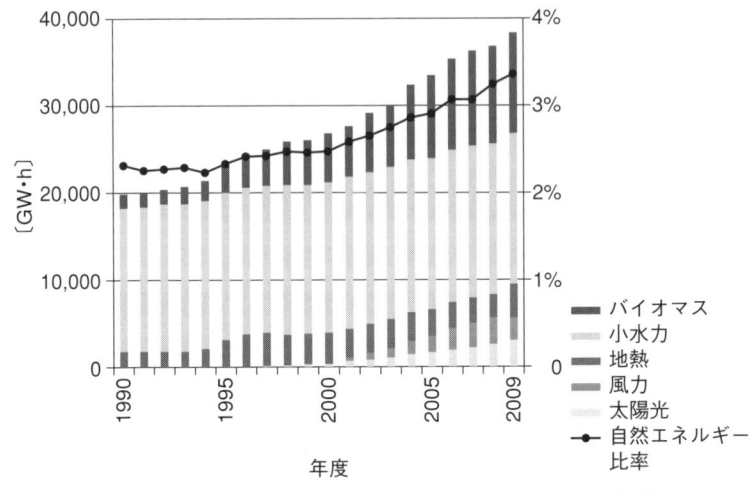

図 3-1 日本の再生可能エネルギーによる発電量の推移

再生可能エネルギーによる発電量の推移を示した[3]。ここでは、太陽エネルギー由来の太陽光・熱、風力、波力、海洋温度差、地下のマグマ由来の地熱・地中熱、引力由来の潮力はすべて含めている。ただし、水力発電については、小水力発電（出力1万kW以下）に限定し、バイオマス（発電・熱利用）は熱量比率が60％以上で高効率なものに限定している。1990年には1万kW以下の小水力発電が大部分を占めていた。しかしその後新規導入は行われておらず、発電量は増加していない。地熱発電は2000年までは若干の増加傾向にあったが、それ以降、新規設備導入は行われていない。太陽光発電は普及政策の後押しもあり、2000年から2004年までは年率30％を越える増加率であったが、政策の停滞によりそれ以降は発電量も停滞していた。しかし、2009年度には再び増加の傾向を示している。バイオマスエネルギーは一般廃棄物を中心とした廃棄物発電の普及により増加している。同様に、風力発電も高い伸

びではないものの着実に増加している。しかしながら、全体でみると、再生可能エネルギーによる発電量は、わが国の全発電量に対する比率として2009年において3.4%にとどまっており、2000年以降9年間で1%程度増加したにすぎない。

(2) スタートしたばかりの再生可能エネルギーの導入

一方、世界に眼を向けてみよう。**図3-2**に2009年の世界の最終エネルギー消費に占める再生可能エネルギーの割合とその内訳を示した[4]。世界の最終エネルギー消費の16%を再生可能エネルギーが占めている。これには伝統的バイオマス（薪や動物性および植物性廃棄物などの利用）、大規模水力発電、風力、太陽光、地熱などが含まれる。特に、62%を伝統的バイオマスが占めており、風力発電や太陽光発電は増加傾向にあるとはいえ、まだまだ少なく、伝統的バイオマスを除くと、大規模水力を含めても、最終エネルギー消費のわずか6%にすぎない。このようにわが国でも世界においても、再生可能エネルギーの導入はまだ端緒についたばかりであるといえる。次節からはいくつかの代表的な再生可能エネルギーについて、エネルギー変換の原理や可能性と課題についてみていこう。

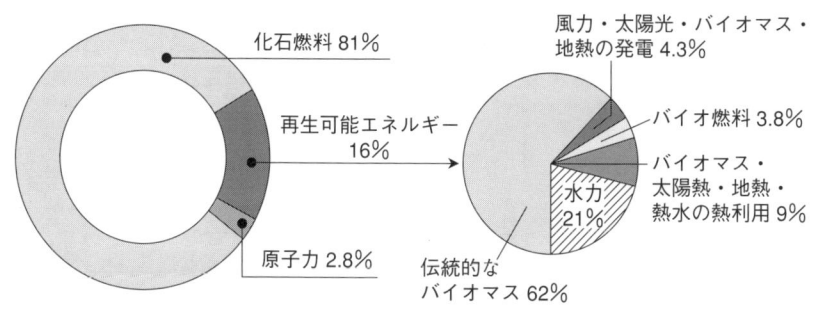

図3-2 世界の最終エネルギー消費に占める再生可能エネルギーの割合とその内訳（2009年）

3.2 太陽光発電

3.2.1 光→電気エネルギー変換の原理

太陽光発電は光→電気エネルギーの変換を行うデバイスである。はじめに変換前の太陽光エネルギーについて知っておこう。太陽光は紫外線から赤外線まで広い範囲の波長の電磁波を含む。太陽光がどのような波長の光をどの程度含んでいるかを表すのが、太陽光のスペクトル分布である（**図3-3**）。太陽光の波長 λ（nm＝10^{-9} m）と光のエネルギー E（eV）には次の関係がある。

$$E = 1,240/\lambda \tag{3-1}$$

地表に届く太陽光では、紫外線（波長 400 nm 以下）がおよそ 3%、可視光がおよそ 45%、赤外線（750 nm 以上）がおよそ 52% のエネルギーの割合となる。

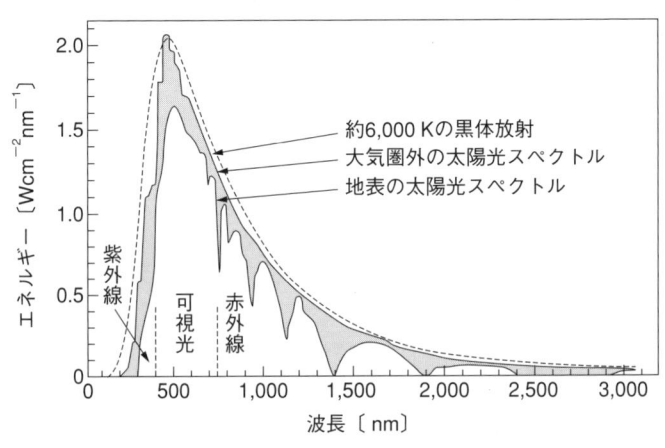

図3-3 太陽光のスペクトル分布

(1) 光を電気に変えるしくみ

さて、次は光を電気エネルギーに変えるしくみである。その中心の役割を担うのは電子であり、このために太陽電池が用いられる。太陽電池とは、半導体の p-n 接合の光起電力効果を利用した素子であり、この p-n 接合に光が当たることにより、光のエネルギーが電気エネルギーに変換される。半導体とは伝導体と絶縁体の中間の電気伝導性を示す材料の総称である。固体材料の電子状態は**図 3-4** のように帯（バンド）構造として表される。バンドは電子が存在しうるエネルギー準位の集まりで、連続的なエネルギー状態をとる。

電子はエネルギーの低い準位から入っていくので、電子が占めたエネルギーの低いバンドを価電子帯、それよりもエネルギーの高い状態にあり電子が入っていないバンドを伝導帯と呼ぶ。価電子帯と伝導帯のあいだの電子が存在できないエネルギーの幅を禁制帯（バンドギャップ）と呼ぶ。物質の電気伝導性はバンドギャップの大きさ E_g で決まる。伝導帯に電子が入っていると良好な電気伝導性を示す。電子は室温で熱運動しており、平均して 0.03 eV 跳び上がっている。しかし、バンドギャップが大きいと価電子帯から伝導帯に電子が飛び上がれないため絶縁体と

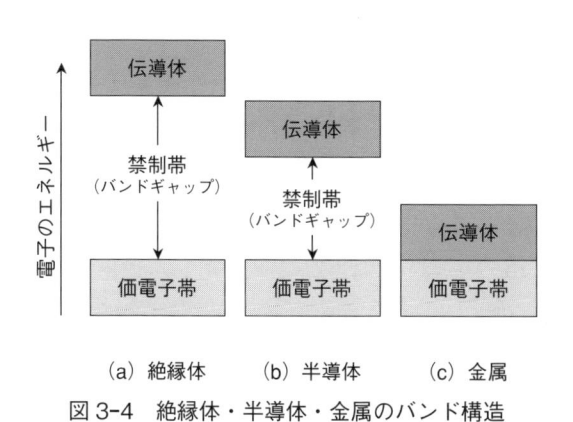

図 3-4　絶縁体・半導体・金属のバンド構造

なる（図3-4（a））。半導体として知られているシリコンSiやゲルマニウムGeは、バンドギャップが0.8〜1.2 eV程度のバンド構造を持つ（図3-4(b)）。SiやGeのみからなる半導体は絶縁体よりはバンドギャップが小さいが、それでも電子が室温の熱運動だけでは容易には飛び上がれない程度の大きさがあるので、電気抵抗はかなり大きい。金属は2つのバンドが重なり合ってバンドギャップが存在しない（図3-4（c））。金属中の電子は容易に伝導帯に上がることができるので、高い電気伝導性を示すのである。

(2) 不純物が大切―ドナーとアクセプター―

さて、このようなバンドギャップを持つ半導体に、電子を出しやすい原子を不純物として少し溶かしたとする（ドープしたという）。たとえば、GeやSiにりんPやヒ素Asをドープする。GeやSiは原子価が4（結合の手が4つ）でお互いに結びついている。一方、PやAsは原子価が5である。つまり、PやAsの5つの電子のうち4つだけがSiやGeの結合に使われて1つ余っている。この余った電子は伝導帯にいるほど自由には動けないので、伝導帯のエネルギー準位まではあがれず、それよりも少し低いエネルギー準位をつくる。この様子を**図3-5**（a）に示す。この電子は伝導帯に近いところに準位を持つので、熱エネルギーによって容易に伝導帯に励起され、伝導帯を自由に移動し電気伝導に寄与できる。このような不純物はドナーと呼ばれ、ドナーが形成する準位をドナー準位という。そしてドナーから生じる電子が、主たる電荷担体（キャリア）として働く半導体をn型半導体と呼ぶ。

逆にSiやGeに、原子価が3のアルミニウムAlやガリウムGaを不純物としてドープするとどうなるだろうか。不純物原子は手が1本足りないのでSiやGeから借りてくることになる。すると借りてきた先のSiやGeは電子が1つ足りない状態になる。この電子が欠乏した部分を

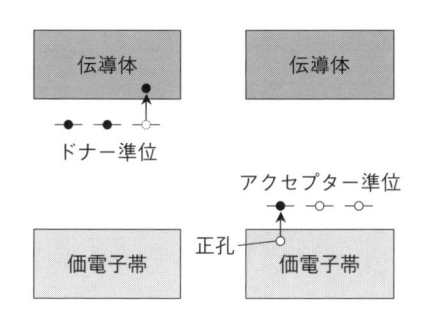

(a) n型半導体　　(b) p型半導体
図3-5　n型半導体とp型半導体のバンド構造

正孔（ホール）と呼ぶ。不純物としてドープした元素は電子を受け取りやすいことからアクセプターと呼ばれ、アクセプターがつくる準位をアクセプター準位と呼ぶ。アクセプター準位は価電子帯の少し上にあり、価電子帯から比較的容易に電子が励起できる。この励起した電子が、アクセプターである元素が借りてきた電子である。その電子が励起したあとが正孔であり、正孔のもととなった電子は価電子帯に存在していたので、正孔のエネルギー準位は価電子帯にある。この様子を図3-5（b）に示す。正孔は価電子帯中を移動できる。正孔の電荷はプラス1であるから、正孔は電荷を運ぶキャリアであるといえる。このような正孔が主たるキャリアとなる半導体をp型半導体と呼ぶ。

(3) 電子の移動する方向を示すフェルミ準位

もう1つ重要なことがある。それはフェルミ準位（E_F）という電子のエネルギー準位である。フェルミ準位とは、半導体や金属どうしを接触させたときに、どちらに電子が移動するかを示す物理量である。金属のフェルミ準位は金属内の電子の最高エネルギー準位、すなわち電子がそこまで詰まっている一番高いエネルギー準位になる。半導体の場合は

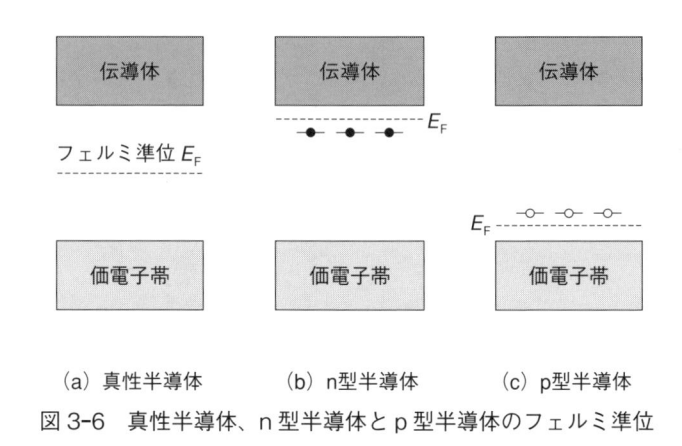

伝導体	伝導体	伝導体
フェルミ準位 E_F	ー●ー●ー●ー E_F	E_F ーoーoーoー
価電子帯	価電子帯	価電子帯
(a) 真性半導体	(b) n型半導体	(c) p型半導体

図3-6 真性半導体、n型半導体とp型半導体のフェルミ準位

少し異なっており、必ずしも電子が存在するとは限らないが、接触時の電子移動の方向を示す性質は同じである。**図3-6**に不純物を含まない半導体（真性半導体）、n型半導体とp型半導体のバンド構造とフェルミ準位を図示する。

(4) p-n接合

ここまでで準備が終わったので、いよいよ太陽電池の核心部であるp-n接合について考えよう。太陽電池はp型半導体とn型半導体が接するp-n接合に光が当たることによって起る。母体がシリコンのn型とp型半導体を接合した状態を考えよう（**図3-7**）。n型とp型では母体のバンド構造が同じでも、ドナー準位とアクセプター準位が異なるため、それぞれのフェルミ準位は異なっている（図3-7（a））。これを接触させると、フェルミ準位の性質から、両者でフェルミ準位が一致するまで、p型の中の正孔がn型へ、n型の電子がp型に移動する。n型に移動した正孔はそこにある電子と結合して、p型に移動した電子はそこにある正孔と結合して消滅する。

もともとn型半導体もp型半導体も接合前は、Siやドナーあるいは

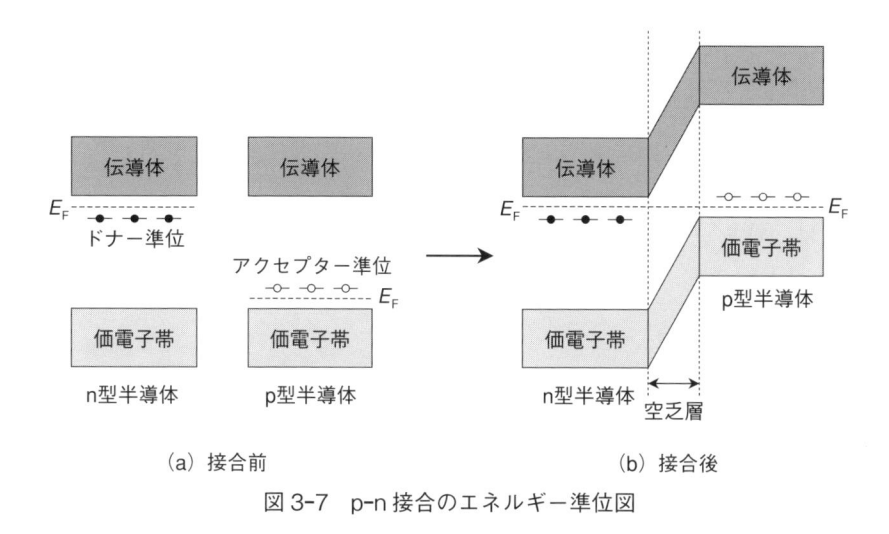

図 3-7　p-n 接合のエネルギー準位図

アクセプターの元素の原子核の電荷と電子の数はちょうど釣り合った電気的に中性の状態であった。しかし、接合によって電気的に中性であった状態から、接合部近傍では電子と正孔の数が変わったので、p 型および n 型半導体中では電荷のアンバランスが生じて、いわゆる電気二重層が形成される（**図 3-8**）。金属のように電子がたくさんあれば、すぐ

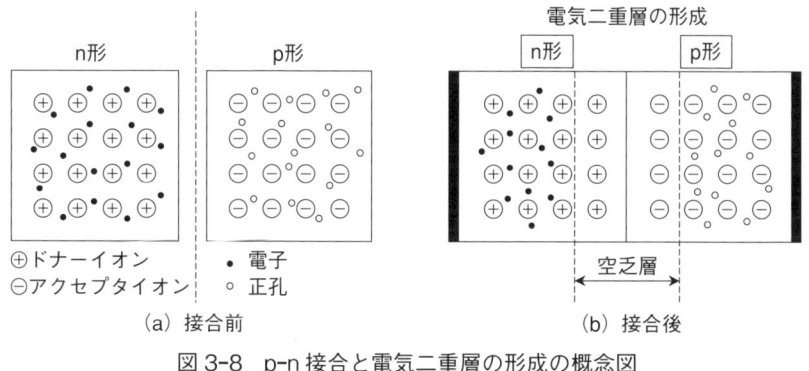

図 3-8　p-n 接合と電気二重層の形成の概念図

に電子が移動してきて、材料内の電荷のアンバランスは解消されるが、半導体のように電荷の数が多くない場合は、空間的に電子あるいは正孔の少ないところが存在でき、その領域を空乏層と呼ぶ。この空乏層が電気二重層を形成し、電位差を生じている（図3-7（b））。この電位差の果たしている役割を考えよう。図3-8（b）からわかるように、n型半導体の内部の電子がp型の内部に移動しようとすると、p-n接合の先に（p型の空乏層に）マイナスの電荷のアクセプターイオンが存在することになり、電気的反発によりそれを通り越えられないのである。

同じことが、p型半導体の内部の正孔がn型の内部に移動しようとするときにも生じる。このように、電気二重層はそれ以上電子や正孔が移動することを妨げる方向に働く。このような状態が光を照射する前の太陽電池において実現されている。

(5) 接合部へ光を照射

さて、この接合部に光を照射しよう。光のエネルギーがバンドギャップ E_g よりも大きな場合、電子は光のエネルギーを受け取り、エネルギーギャップ E_g を跳び越えて導電帯へ跳び上がり、電子が抜けた価電子帯には正孔ができる。p-n接合で跳び上がった電子は電位勾配を感じてn型半導体のほうに移動する。正孔は逆にp型のほうに移動する。そして開回路のとき、これが光起電力となる。また、この両端を、外部負荷を接続して回路を形成すると、継続的にn型半導体から電子が外部負荷を通して流れ、p型半導体のほうへ着くとそこで正孔と結合して消滅する。光を当ててp-n接合部の電子が励起されている限り、継続的に電流が流れることになる。これが光電流である（**図3-9**）。

太陽電池に使う半導体のバンドギャップが E_g のとき、太陽光エネルギー変換効率 η_s の最大値は、太陽光のスペクトル分布と以下の3原理をもとに簡単な計算で求められる。

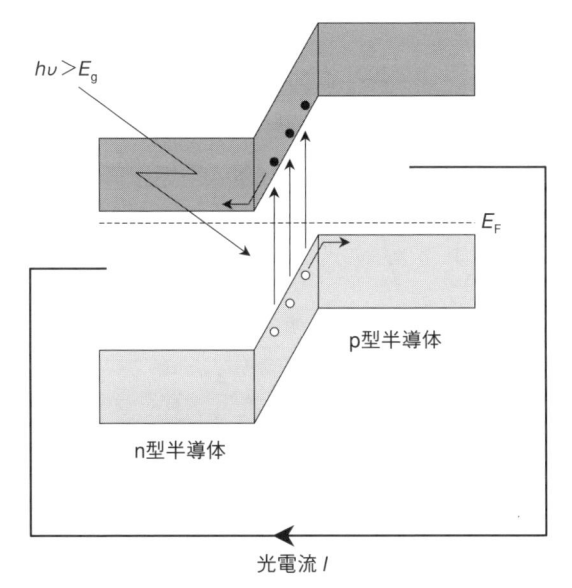

図 3-9 光→電気エネルギー変換の原理

① 光エネルギーが E_g より小さい光はバンドギャップを越えられないので半導体に吸収されない。
② E_g と等しいエネルギーをもつ光は、価電子帯上部の電子に吸収されて伝導帯の最下部まで飛びあがり、E_g に相当する起電力を生じる。
③ E_g よりも大きなエネルギーをもつ光が当たって伝導帯の高いエネルギー準位まで上がっても、すぐさま伝導帯の底に落ちるので光起電力は E_g にしかならない。

つまり、バンドギャップの大きさによって、太陽光の変換効率が変わることになる。バンドギャップに対応する光のエネルギーを「吸収端エネルギー」と呼ぶ。図 3-10 に吸収端エネルギーと太陽光エネルギー変換効率の理論最大値の関係を示す[5]。吸収端エネルギーが 1.35 eV のと

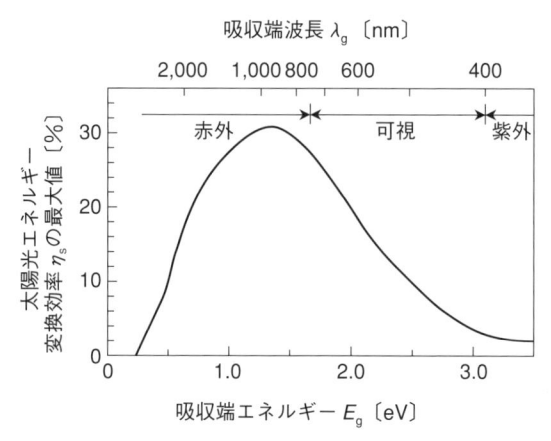

図 3-10　吸収端エネルギーと太陽光エネルギー変換効率の関係

き最大 31% になる。それよりも E_g の小さな物質では吸収する光の波長は広くなるが、E_g 以上のエネルギーは活用されないので、ムダが多くなり効率は低下する。逆に E_g が 1.35 eV よりも大きな物質の場合には、1.35 eV 以上のエネルギーをもつ光は有効に利用されるが、それ以下のエネルギーしかもたない光は吸収されない。このように1つのバンドギャップしかもたない太陽電池素子では、理論最大効率が 30% 程度となる。現在、普及目的で設置されている太陽電池はほとんどがシリコン系材料であり、その変換効率は 10 ～ 15% 程度である。

(6) さらに高い変換効率をめざして―多接合型の開発

太陽光エネルギーはエネルギー密度が低いので、大電力を得るためには広大な面積が必要になる。それを解消するには、太陽電池のエネルギー変換効率を上げることが有効である。しかしながら、単一の接合しかもたない単接合太陽電池では理論的に 30% が上限になってしまう。そこで、最近ではもっと効率を上げるため、バンドギャップエネルギーの異なる材料からなる複数の太陽電池を積み重ねた多接合型太陽電池が

開発されている。

多接合型太陽電池では、バンドギャップの異なる複数のp-n接合素子を積層し、光の入射側の素子から順に短波長の光を利用して発電し、より長波長の光はより下層の素子で利用する。こうすれば各波長域の光のエネルギーをよりムダなく取り出すことができ（より高い電圧が得られる）、かつより長波長まで含めたより多くの光を利用できる（より多くの電流が得られる）。変換効率は最終的に取り出せる電力（電圧×電流）で決まるため、単接合の場合に比べてより高い効率が得られる。理論的には無限に接合を増やせば約86%の変換効率になると計算されるが、実際には上層の素子を通過する際の光の損失や素子間の電流の整合の問題で、それより低くなる。

3.2.2 太陽光発電の現状と課題

次に太陽光発電の現状を見ていこう。**図3-11**に1995〜2010年まで

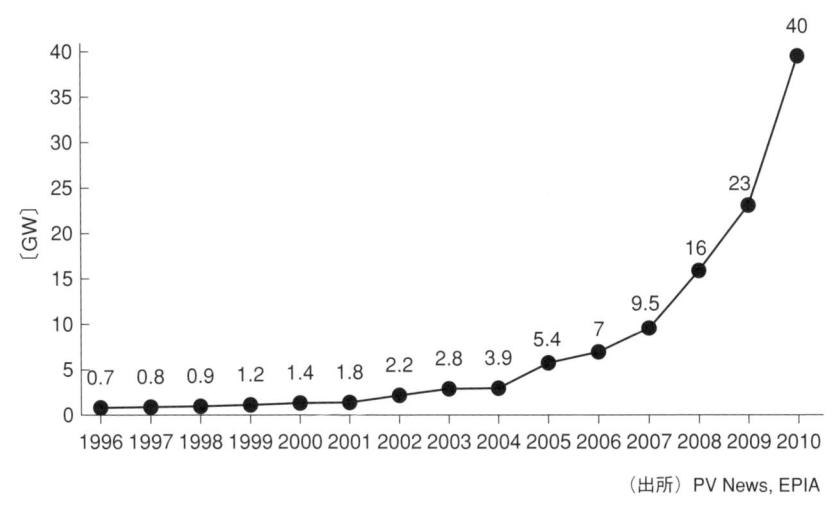

図3-11 世界の太陽光発電設備容量の推移
（出所）PV News, EPIA

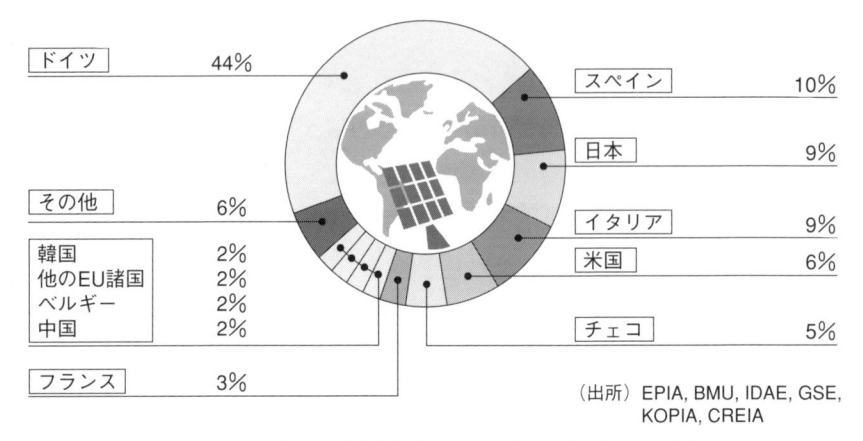

ドイツ	44%
その他	6%
韓国	2%
他のEU諸国	2%
ベルギー	2%
中国	2%
フランス	3%
スペイン	10%
日本	9%
イタリア	9%
米国	6%
チェコ	5%

（出所）EPIA, BMU, IDAE, GSE, KOPIA, CREIA

図 3-12　太陽光発電設備容量の国別内訳（2010 年）

の世界の太陽光発電設備容量の推移を示す[6]。太陽光発電は、世界の発電技術の中でも最も勢いよく伸びており、その傾向は続いている。続いて**図 3-12** に 2010 年のその国別内訳を示す[6]。また、**図 3-13** にわが国の太陽光発電の導入量とシステム価格、発電コストの推移を示す[7]。わが国は、1970 年代の第一次オイルショックの直後から始まった新エネルギー技術開発プロジェクト「サンシャイン計画」の中で、太陽光発電を重要データとして位置づけ、技術開発に取り組んできた。そのため 1990 年代には日本は太陽光発電でも太陽電池生産量でも、世界１位になった。発電量は小さかったものの、2000 年代はじめは、世界の太陽光発電の累積導入量のおよそ 50% を日本が占めていた。しかし、2000 年代になって、ドイツ、スペイン、イタリアなどが太陽光導入を推進する政策をはじめ、現在ではドイツ、スペインにつぐ３位になっている。図 3-13 に見られるように、１ kW・h 当たりの発電コストは低下してきているが、まだコストが高いのが現状である。

　太陽光発電の長所は、①太陽光をエネルギー源とするため枯渇しな

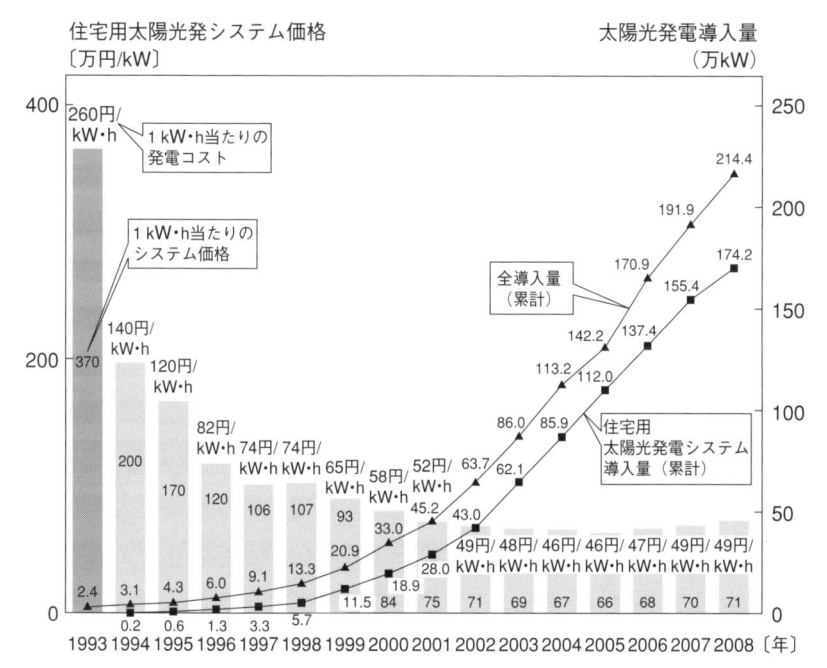

図 3-13 日本の太陽光発電の導入量とシステム価格、発電コストの推移

い、②発電に伴う CO_2 の排出はない、③設置場所の選択性が大きい、④小さくても発電効率が低下しない、⑤騒音を出さない、⑥メンテナンスが容易で比較的長寿命、⑦高温になるなどの危険性がなく安全などである。一方、短所としては、①発電が不安定で設備利用率も低い、②エネルギー密度が低い、③発電コストが高い、④大きくしても発電効率が上がらない（スケールメリットがない）などである。

短所は解決すべき課題でもあるので、少し考えてみよう。まず①であるが、日本では、安定した一定の日照が得られることはほとんどないので、日射強度の変化に応じて、発電量も変動する。発電量が変動することは、電力系統に接続した場合に、系統側で問題が生じる。電力は、需

要と供給のバランス（需給バランス）がとれていることが重要である。たとえば、そこへ不安定な太陽光発電が大量に入ることは、供給過多を引き起こし、全体の電力の周波数や電圧に影響する可能性がある。そのため現在では、電力会社は系統に受け入れる太陽光発電電力量を定めているが、今後その規模を拡大する必要があると考えられる。また、ある定められた環境下で、連続運転可能な最大発電量を定格出力と呼ばれ（JIS規格 JIS C 8914）、それに対する実際の発電量の比を設備利用率という。太陽光発電は、夜間は発電できないため、設備利用率は低く、日本ではおよそ12%にとどまる。

　次に②であるが、太陽光エネルギーは1 m^2 当たりおよそ1 kWで、普及型の太陽電池の変換効率が10～15%程度であるから、大きな発電量を得るには広大な面積が必要となる。これは④とも関連しており、面積が広大になったからといって、発電効率は一定で変わらないのである。たとえば、設備稼働率を考慮せず、変換効率だけを考えると（効率15%と仮定）、100万 kW 相当の発電量を得るためには、およそ7 km^2、すなわちおよそ 2.5 km 四方もの面積が必要である。しかも、これは定格で出力した場合であって、実際には設備稼働率が12%であるから7.5 km 四方の面積が必要になる。国土の狭い日本で太陽光発電を飛躍的に増大させるには、設備利用率は上げられないので、変換効率を飛躍的に上げることが必要である。

3.3 風力発電

3.3.1 風力→電気エネルギー変換の原理

風は空気の流れである。空気の流れは運動エネルギーをもっている。質量 m、速度 v で動く物質の運動エネルギーは $1/2\ mv^2$ で表される。いま、風を受ける面積（受風面積）A 〔m^2〕の風車を考えると、面積 A を単位時間当たりに通過する風速 v 〔$m\ s^{-1}$〕の風のエネルギー（パワー）P 〔W〕は、空気密度を ρ 〔$kg\ m^{-3}$〕とすると、

$$P = \frac{1}{2}(\rho A v)v^2 = \frac{1}{2}\rho A v^3$$

を得る。すなわち、風力エネルギーは、受風面積に比例し、風速の3乗に比例することがわかる。単位面積当たりの風力エネルギーを風力エネルギー密度と呼び、次式で表される。

$$P = \frac{1}{2}\rho v^3$$

空気密度を日本の平地での平均値 1.225 $kg\ m^{-3}$ を用いて、エネルギー密度と風速の関係を**図 3-14** に示した。

図 3-15 に風力発電機の構造を示す[8]。風力発電機は風を受けて羽根が回り、その力を発電機に伝えることにより、運動エネルギーを電気エネルギーに変換する。図に示すような、可変ピッチ機構は、風が強い場合に少し羽根をねかせて風圧を調整する。増速機はゆっくりとした羽根の回転を、発電機が必要とする回転速度に高める。方向制御機構は風力発電機が正しく風の方向を向いて最も効率的な発電が行えるように、風力発電機の方向を制御する。風車は回転軸の方向と形状により、**図 3-16** のように水平軸型と垂直軸型に分類できる[9]。回転軸が風向に対

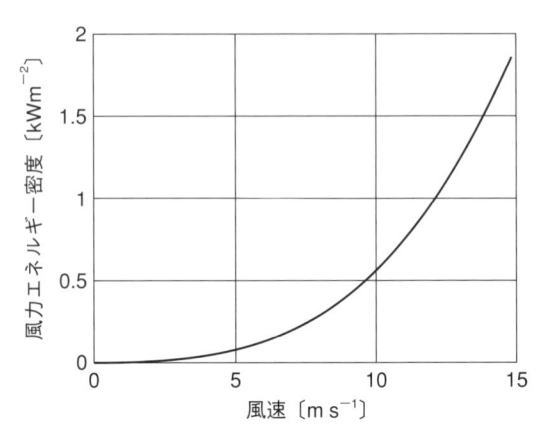

図 3-14 日本の平地における風力エネルギー密度と風速の関係

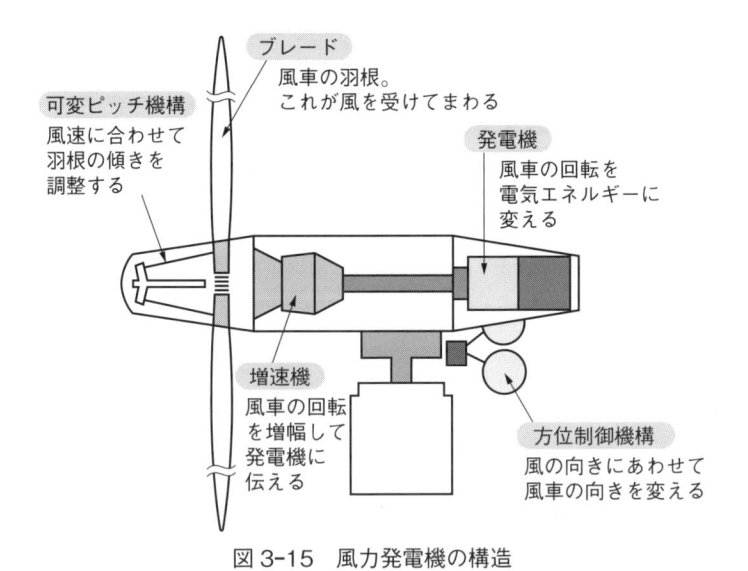

図 3-15 風力発電機の構造

ブレード
風車の羽根。これが風を受けてまわる

可変ピッチ機構
風速に合わせて羽根の傾きを調整する

発電機
風車の回転を電気エネルギーに変える

増速機
風車の回転を増幅して発電機に伝える

方位制御機構
風の向きにあわせて風車の向きを変える

図3-16 風車の種類

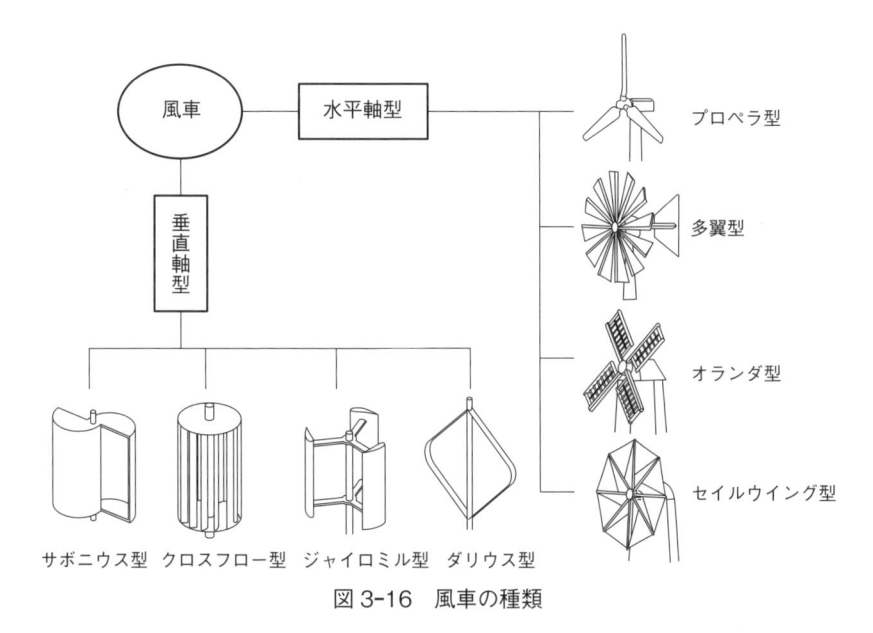

して平行な場合が水平軸風車、垂直な場合が垂直軸風車である。

　風車の回転のエネルギーを電気エネルギーに変換するために、発電機を利用する。力学エネルギーと電気エネルギー間の変換において主要な役割を果たすのは、ファラデーの電磁誘導の法則と磁界中を流れる電流に働く電磁力である。発電機には直流発電機と交流発電機がある。また交流発電機も、同期発電機と誘導発電機に分類される。ここでは、交流の同期発電機の原理について述べる。

　図3-17（a）のように銅線で1つのループ（コイル）を作って、その中で、回転軸に磁石を取り付けて回転させると、銅線に電圧が発生する。図3-17（b）はこれを手前から見た状態である。磁石にはN極からS極へ戻る磁気の流れ（磁束）がある。この磁束が銅線のような導体を横切って動くと、磁束の大きさ（磁束密度）と磁束が導体を切って動く速度に比例した大きさの電圧が導体に生じる。磁石が時計式に右回

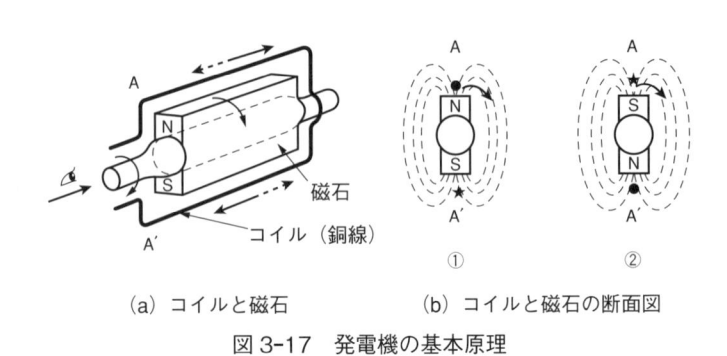

(a) コイルと磁石　　　(b) コイルと磁石の断面図

図3-17　発電機の基本原理

りに回転すると、発生する電圧の方向は、図3-17（a）の実線の矢印の方向となり、N極に向かい合っている導体AとS極に向かい合っている導体A′とでは、電圧の向きが逆になる。コイルとしては両者が加わり合うことになる。図3-17（b）では、導体は紙面と直角の方向であるので、●は紙面に垂直で表から裏へ向かう方向を示し、★は逆に紙面に垂直で裏から表に向かう方向を示している。図3-17（b）の①は図3-17（a）と同じ状態であるが、磁石が半回転すると②のようにS極が上にくるので、このときの電圧の方向は（a）とは逆の方向になり、図3-17（a）では破線の矢印となる。さらに半回転して再び図3-17（b）の①の状態に戻ると、電圧の方向も最初の状態になるので、磁石が1回転する間に電圧の方向は、一度反対方向になってもとに戻ることになる。

この状態を、縦軸に電圧の大きさをとり、横軸に時間をとって表すと**図3-18**のように交流の電圧となる。実際の発電機では、磁石の代わりに鉄心の回りに巻いた銅線（界磁巻線）に直流の電気を流した電磁石を用いて、風車が駆動する。

3.3.2　風力発電の現状と課題

　風力発電は、大規模な水力発電以外の再生可能エネルギーと比べる

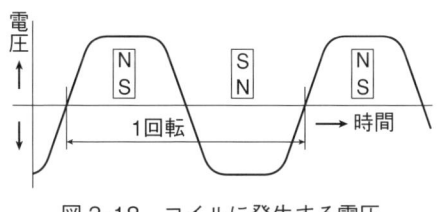

図3-18 コイルに発生する電圧

と、大きな発電量が期待できるため、世界各地で積極的な導入が行われている。**図 3-19** に世界の風力発電設備容量の推移を示す[10]。2010 年末の世界の風力発電設備容量は 198 GW（ギガ：$G = 10^9$）で、実際の発電は世界の総発電量の 2% を占めると推定されている。

大規模水力発電を除いた再生可能エネルギー発電量のおよそ 70% は風力発電によっている。**図 3-20** に風力導入量の国別比較を示した[10]。特に、中国の増加が急激である。中国の 2007 年末の設備容量は世界 5 位の 6.3% であったが、北西部の内陸地帯に集中的に大規模風力発電所の建設を進め、2004 年から 6 年連続で前年比 2 倍の成長を遂げ、2010 年にはアメリカを抜いて累計導入量で世界一となった。日本は 2.3 GW

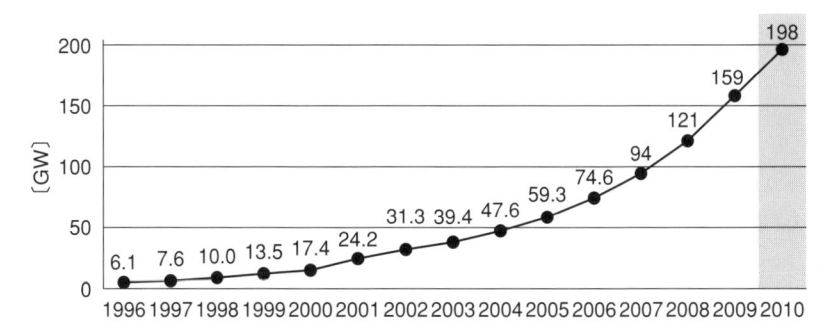

（出所）GWEC,WWEA,EWEA,AWEA,MNRE,BMU,BTM,Contult,IDAE,CREIA,CWEA
（自然エネルギー白書2010）

図 3-19 世界の風力発電設備容量の推移

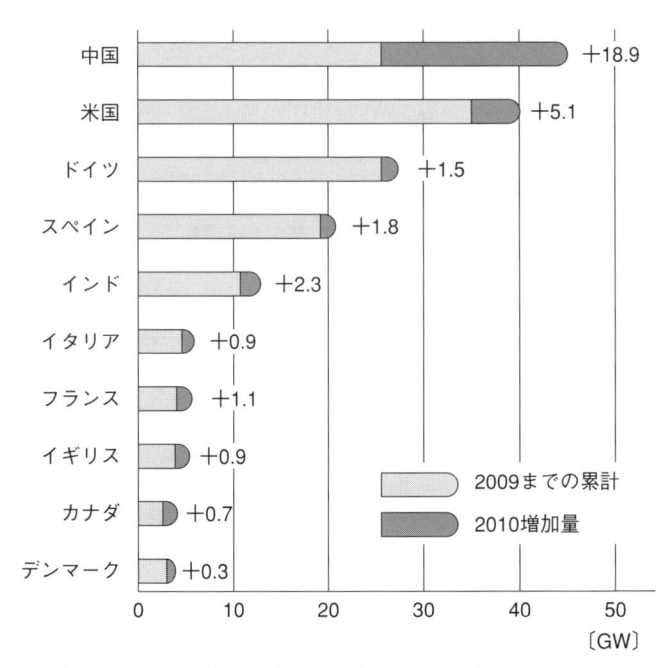

図 3-20 風力導入量の国際比較（上位 10 カ国；2010 年）

の 12 位にとどまっている。風力発電の普及が進んでいるのは、欧州諸国である。EU 27 カ国の全電力消費量に占める風力発電の比率は 4.1% である。これは、①緯度が高く熱帯性暴風にみまわれず、安定した風が吹く、②多くの国で固定価格買取制度を導入し、政策的な支援がある、③欧州の送電網は国境を越えて結びついて大きなグリッドを形成しており、不安定な電力を受け入れやすい、などの理由にある。

図 3-21 にわが国の風力発電導入量と導入基数の推移を示す[11]。わが国でも風力発電の導入量は増加している。しかし、2010 年度の風力発電電力量は 43 億 kW·h で、総発電量に締める割合はわずか 0.47% である。日本は平地が少なく地形が複雑であること、発電出力が不安定であり、電力系統に接続困難な場合が多いことなどの課題があり、風力発電

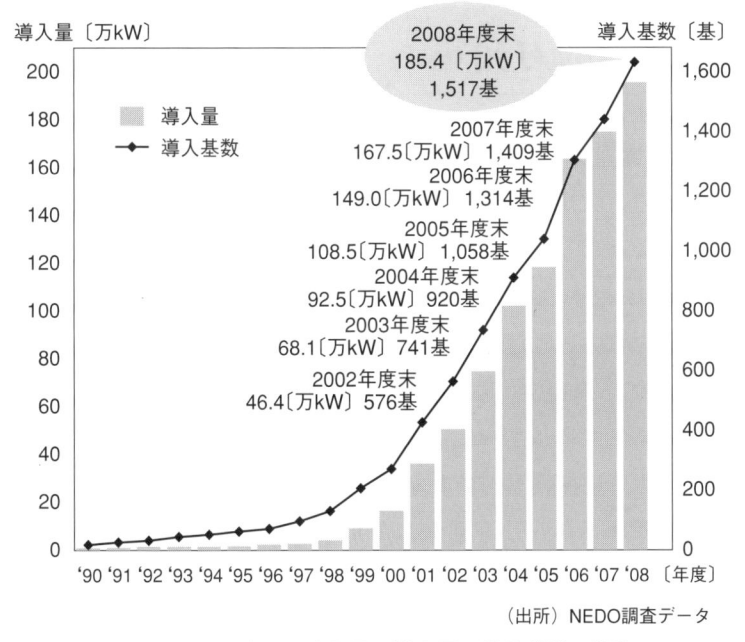

図 3-21　日本の風力発電の導入量と導入基数の推移

（出所）NEDO調査データ

の設置に適した地域が少ないためである。今後はスマートグリッド化の促進や、風力発電の不安定出力を平滑化するエネルギー貯蔵システムの開発が必要となる。そのほか、風車の発する低周波音による騒音問題、鳥が羽根に巻き込まれて死傷するバードストライク、景観問題など困難な問題が多くある。

　これまでの風車の多くは陸上に設置されている。しかし、これからは洋上風力発電が期待されている。世界的に見れば、欧州のイギリス、デンマーク、オランダ、ドイツなど北海とバルト海に面した国々で洋上発電が進んでいる。北海は風況がよく、水深が浅いので、洋上発電所の建設が容易である。わが国でも開発が進んでおり、今後が期待される。

3.4 水力発電

3.4.1 水力発電のしくみ

　水力発電は、大規模かつ安定的な電力を供給できるので、世界各国で主要な発電源となっている。高いところにある水は低いところに流れようとするポテンシャルエネルギーをもっている。この水のポテンシャルエネルギーを水力と呼び、水力発電は、水のポテンシャルエネルギーを電気エネルギーに変換するシステムである。水のポテンシャルエネルギーを直接電気エネルギーに変換することは困難なので、いったん水の運動エネルギーに変換し、それを水車の運動エネルギーに換えて発電機を回し、力学エネルギーを電気エネルギーに変える。**図 3-22** に水力発電のしくみと水力発電機の構造を示した。発電機の原理に関しては前述

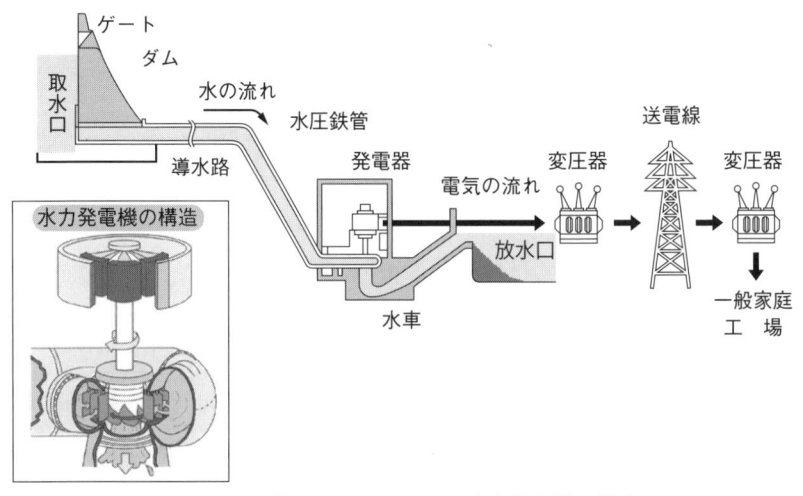

図 3-22　水力発電のしくみと水力発電機の構造

したのでここでは述べない。

3.4.2 水力発電の現状

ある河川またはある地域の地表に降った雨や雪が山から川を下り、海に注ぐまでの水のポテンシャルエネルギーの総和を理論包蔵水力という。理論包蔵水力のうち、算出時点における技術レベル、あるいは経済的な条件から開発可能と考えられるもの（既開発分＋未開発分）を技術的包蔵水力、あるいは経済的包蔵水力と呼んでいる。その値は技術の進歩、経済状況、環境条件などによって変化する。

図3-23に世界の地域別の開発可能水力を示した[12]。世界の技術的包蔵水力は16兆キロワット時といわれており、これは世界のエネルギー需要のほぼすべてを賄うことができると考えられている。図中、水力発電量は2008年の実績値である。また数値は水力資源の利用率を表して

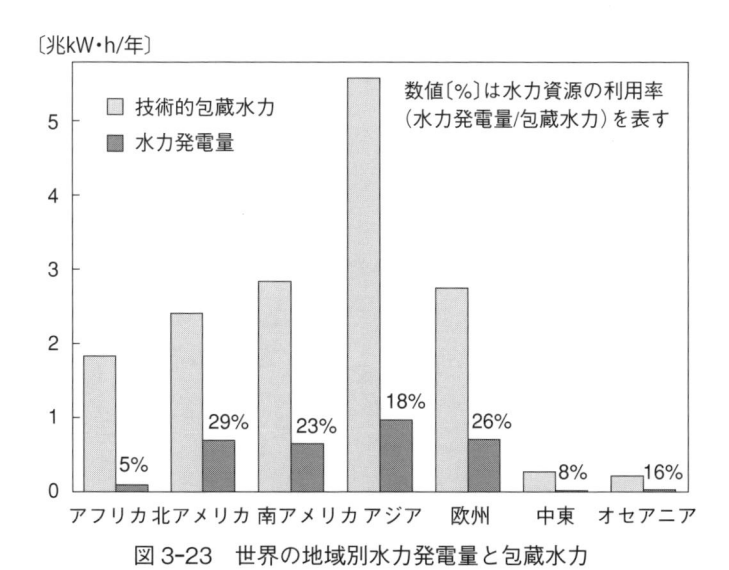

図3-23 世界の地域別水力発電量と包蔵水力

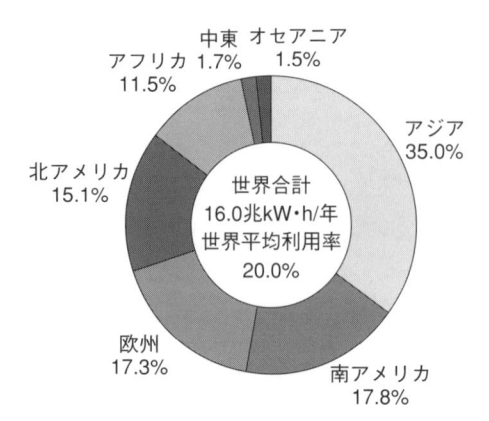

図 3-24　世界の包蔵水力の地域別構成比率

　いる。**図 3-24** に世界の包蔵水力の地域別構成比率を示す[12]。世界平均で現在の利用率は 20% 程度であり、今後の開発が期待される。特にアジアにおいて潜在量が大きい。**図 3-25** に 2008 年における水力導入量の国際比較を示す[13]。わが国は世界の 5% 程度を占めている。**図 3-26** にわが国の水力発電量の推移を示した[13]。水力発電は利用面から流れ込み式（水路式）、調整池式、貯水池式、揚水式に分けられる。

　揚水式は夜間などに下池の水を上池に揚げ、必要時に放流して発電するため、他とは区別される。揚水式以外を特に一般水力と呼ぶ。水力発電は貴重な国産エネルギーであるが、大規模な開発可能地点は既に開発済みとなっており、1970 年以降の発電量はほぼ一定になっている。現在では揚水発電を含めても 10% 弱でしかない。わが国では、今後大規模な水力発電所の建設は不可能であるが、中小規模水力発電のポテンシャルは高い。

3.4 水力発電

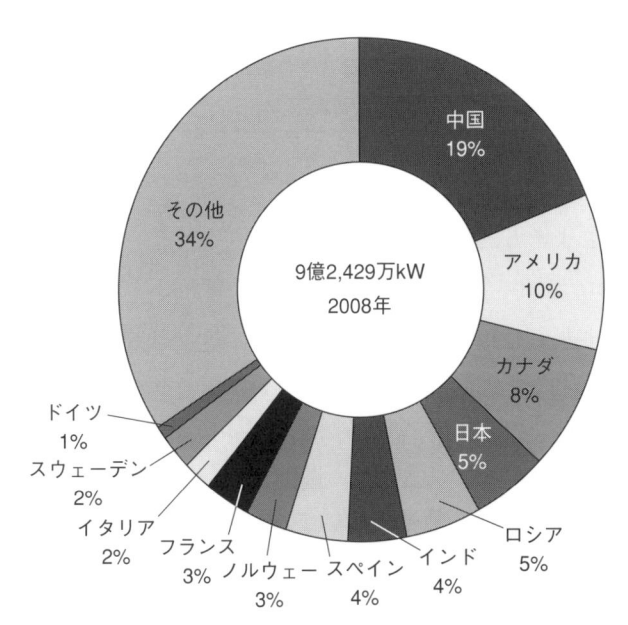

(注) ドイツ、ノルウェー、インドおよび世界計は2007年、スペイン、イタリアは2009年の値。
(出所) (社)海外電力調査会「海外電気事業統計2010年版」

図 3-25　水力発電導入量の国際比較

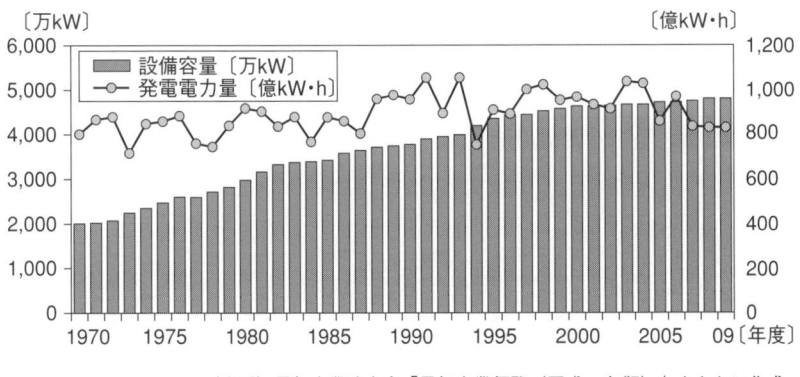

(出所) 電気事業連合会「電気事業便覧(平成22年版)」をもとに作成

図 3-26　日本の水力発電量の推移

3.5 地熱発電

3.5.1 地熱発電システム

　地球は半径およそ 6,370 km の球をなしている。その表面は陸地では厚さ 30-40 km、海洋では厚さ数 km の地殻で覆われている。さらに地殻の下はマントルと呼ばれ、その厚さはおよそ 2,900 km である。さらに中心部には核があり、これは外核と内核に分けられる。地球内部の温度分布については、マントルと核の境界でおよそ 130 万気圧・3,000℃、地球の中心ではおよそ 360 万気圧・5,000℃ と推定されている。また地殻においては、特別な地熱地帯を除いて 20 ～ 30℃ km^{-1} の温度勾配をもつといわれている。つまり、この温度勾配に相当する熱流束で地球内部から外部へ向けて熱エネルギーが放出されている。この熱源は主として地球構成物質に含まれる ^{238}U、^{232}Th、^{40}K などの放射性元素の崩壊によると考えられている。しかし、この熱源はあまりにも深部に存在するので、現在の技術でこれをエネルギー資源として利用することは困難である。

　一方、地熱地帯の熱水や地下・水中には特別に相当量の放射性元素が観察されるわけではないので、地熱地帯の熱源は放射性元素の崩壊ではない。火山や天然の噴気孔、温泉、変質岩などがある、いわゆる地熱地帯と呼ばれる地域では、深さ数 km から数 10 km の比較的浅いところに 1,000 度前後のマグマ溜りがあり、周囲の岩石を熱している。この熱せられた岩石中に地表から雨水や地下水が割れ目を通って到達すると「地熱貯留層」と呼ばれる 200 ～ 350℃ の熱水あるいは蒸気の溜まりになる。地熱発電は、この地中深くにある「地熱貯留層」から生産井と呼ばれる井戸で蒸気を汲み出し、その蒸気の力でタービンを回して電気を

図 3-27　地熱発電のしくみ

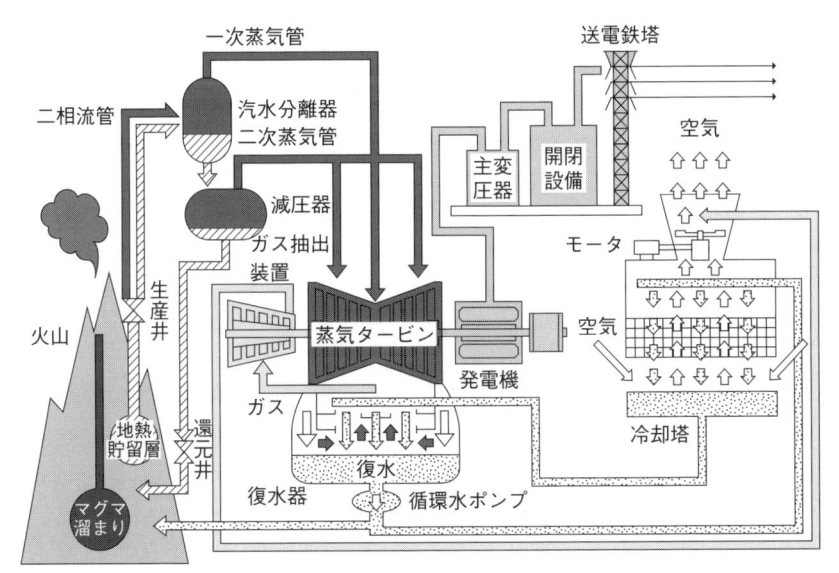

つくる。蒸気タービンで発電し終えた低温の蒸気は、復水器で凝縮されて水になり、還元井と呼ばれる井戸をとおしてふたたび地中深く戻される。この様子を模式的に**図 3-27**に示した[14]。発電様式は蒸気でタービンを回すことなので、基本的には火力発電と同じであり、技術は成熟している。

3.5.2　地熱発電開発の現状と課題

図 3-28に世界の主要地熱資源国の活火山数と地熱資源量を示す[15]。わが国の地熱資源量はアメリカ、インドネシアに次いで世界3位である。一方、現実にはわが国では18ヵ所で発電されており、その総発電設備容量は53万 kW となっている。**図 3-29**に日本の地熱発電設備容量および発電電力量の推移を示す[16]。1999年に運転を開始した八丈島

国名	活火山数〔個〕	地熱資源量〔万kW〕
アメリカ合衆国	160	3,000
インドネシア	146	2,779
日本	119	2,347
フィリピン	47	600
メキシコ	39	600
アイスランド	33	580
ニュージーランド	20	365
イタリア	13	327

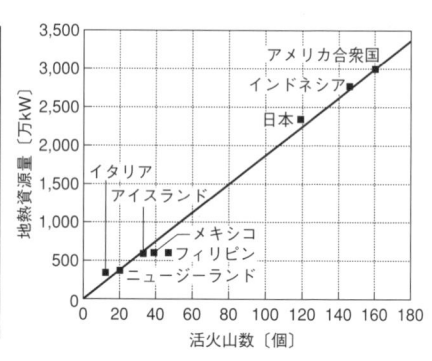

図3-28　世界の主要地熱資源国の活火山数と地熱資源量

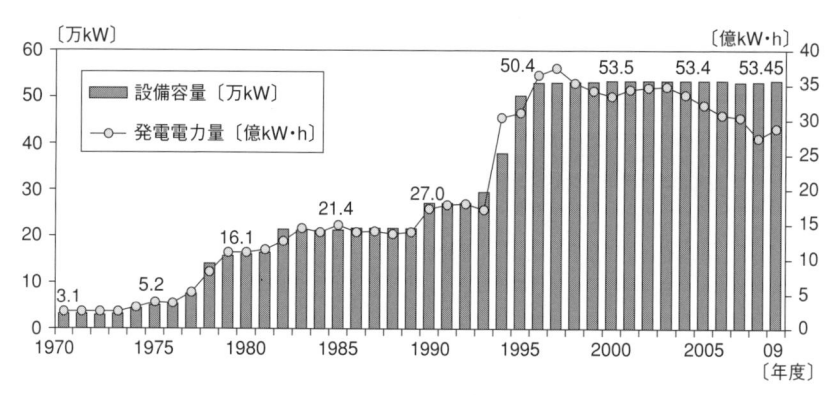

（出所）火力原子力発電技術協会「地熱発電の現状と動向　2005年」、
電気事業連合会「電気事業便覧（平成22年度版）」をもとに作成

図3-29　日本の地熱発電設備容量および発電電力量の推移

地熱発電所を最後に、10年以上新規の地熱発電所の開発はない。日本の地熱資源量は2,347万kWと推定されるので、わずか2%しか利用していない。

世界の主要地熱資源国の地熱発電開発動向を**図3-30**に示す[15]。地熱発電には、①エネルギー利用に伴うCO_2排出が少ない、②風力や太陽

3.5 地熱発電

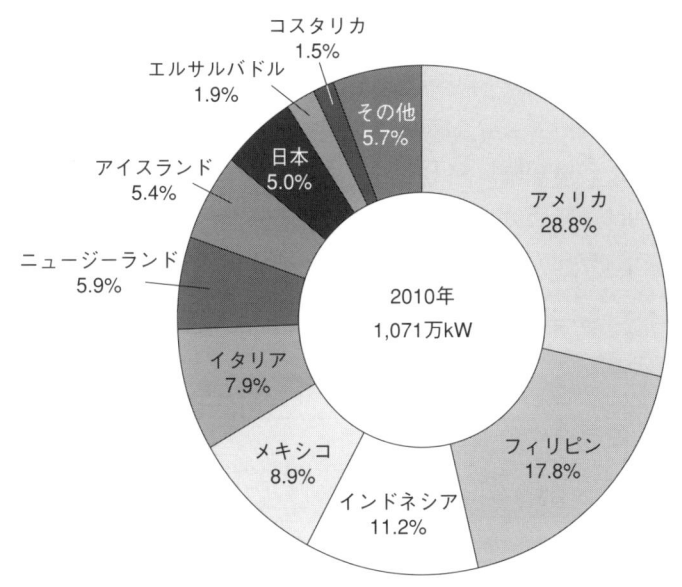

（出所）International Geothermal Association, Geothermal Energy: International Market Updete（2010）

図 3-30　地熱発電導入量の国際比較

　光エネルギーと比較して、天候に左右されず、エネルギー密度が高いため設備利用率が 70% 以上になるなどの長所がある。一方、リードタイム（地下熱源調査から地熱発電所の運転開始に至る期間：15 年〜 20 年）が長いこと、それに伴って開発コストが高いことなどから設置が停滞している。また、日本では地熱資源が豊富な地点の多くは、開発規制のかかる国立公園内にある。あるいは、温泉観光地が近接していることが多く、自治体の開発許可をとることが困難である。ただし、最近になって規制を緩和する動きがあるので、今後の開発が期待される。

　地下から得られる蒸気・熱水の温度が 150℃ 以下で低い場合には、タービンを回す高温高圧の蒸気が得られない。その場合でも、低温の蒸気を熱源として、ペンタンやアンモニアなどの水よりも沸点の低い媒体

と熱交換して、ペンタンあるいはアンモニアの高圧蒸気をつくり、その蒸気でタービンを回して発電することができる。水と低温媒体の2つの媒体を利用するので、バイナリーサイクルと呼ばれている。バイナリーサイクルはそのほか温泉や工場、プラント、廃棄物処理場からの温排水などを利用することができる。**図 3-31** にバイナリーサイクル方式の概念図[17]を示した。

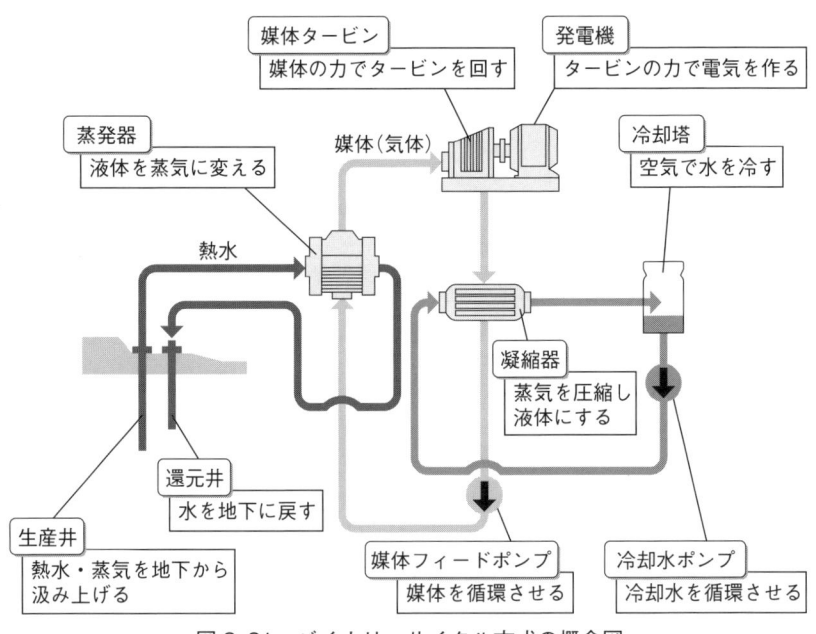

図 3-31　バイナリーサイクル方式の概念図

3.6 バイオマスエネルギー

3.6.1 バイオマスエネルギーとは

バイオマスとは、本来は動物、植物も含めた生物体の量をさす言葉であるが、環境・エネルギー関連の文脈では「原料・燃料として利用することのできる再生可能な生物起源の有機物」と定義できる。植物は太陽光エネルギーを利用しながら二酸化炭素を固定して生長、すなわち光合成をする。したがって、植物から水素を生産できれば、水素製造後、二酸化炭素に戻っても再度生長に伴って固定されるので、再生可能エネルギーとなる。また、植物を食料または飼料として成長した動物、その糞尿、人間が動植物を食料として利用するときに発生する厨芥や食品工場廃液、人間のし尿に起因する下水汚泥など、光合成によって合成された有機物をもととして生成する有機物は、起源である植物が再生可能であるという意味でバイオマスに分類される。これら各種のバイオマスの分類を**表 3-2**に示す。

(1) バイオマス利用技術

バイオマスを利用する方法や技術に関して議論するときには、その組成について分類することが望ましく、表 3-2 の横軸に示すような分類が行われる。廃棄物系バイオマスは、そもそも廃棄物であって処理が必要とされるもので、製材工場残材・建設発生木材、家畜排泄物、下水汚泥、食品廃棄物などがある。廃棄物であるので処理費とともに、資源であるバイオマスが得られることになる。未利用バイオマスは手を加えず放置しておいても問題を生じないものであり、現在は用いられていないが、収集すれば資源として利用できるもので、収集コストの負担が問題となる。具体的には、農作物非食部（稲わら、麦わら、もみ殻など）、

表3-2 バイオマスの分類

	廃棄物系バイオマス	未利用バイオマス	資源作物	新作物
木質系	製材工場など残材 建設廃材	林地残材	短周期栽培木材	遺伝子組換え植物
草本系		農作物非食用部 水生植物	プランテーション 牧草類	マリン・バイオマス
汚泥系	家畜排泄物 下水汚泥 食品廃棄物			
その他	黒液 廃棄される紙 廃食用油		栽培トウモロコシ 栽培サトウキビ 油糧作物	

林地残材などがある。

　資源作物は、バイオマスを意図的に生産する。たとえば、成長速度の速い樹木を植林によって育て、これを伐採利用したあとに次の世代を植林することを複数の場所で時期をずらしながら行う短周期栽培などがある。ブラジルではサトウキビを生産して燃料エタノールを得ており、またアメリカではとうもろこしを生産してこれから燃料エタノールを得ているが、これらも資源作物に分類できる。新作物は、今後、遺伝子組み換えや品種改良によって効率よく生産を行う資源作物であるが、開発要素と導入時期を考慮して別項目で分類している。海で成長速度の速い海藻などを育て、これをエネルギー利用するマリン・バイオマスなどが一例である。バイオマス・ニッポン総合戦略では、廃棄物系・未利用系・資源作物・新作物の順に導入を進める計画である。

(2) バイオマスの利用方法

　他方、バイオマスの利用の仕方を議論する場合には、その発生形態によって分類するのが望ましく、表3-2の縦のような分類が行われている。木質系バイオマスは木の成分を持つバイオマスで、セルロース、ヘミセルロース、リグニンを主成分とする。草本系バイオマスは草に代表される組成をもつバイオマスで、稲わらやホテイアオイなどの水生植物、牧草などである。汚泥系バイオマスは下水汚泥や家畜排泄施設などで、そのままでは悪臭や衛生面で問題となるため、適正な処理が求められる。その他のバイオマスは、それに含まれる特定成分のために特別な利用が可能なものである。主にとうもろこしやサトウキビのようなデンプンで、エタノール発酵に、また糖生産型植物、菜種、大豆、アブラヤシなどの油のとれる油糧作物はバイオディーゼルの原料に用いられる。

　バイオマス資源利用の長所は以下のようである。
① 持続可能な管理を行えば再生可能で枯渇しない
② チップ化、ガス化、液体化など備蓄が容易である
③ 天候に左右されず、高い年間稼働率が得られる
④ 地域に偏在しない
⑤ 化石燃料に比べて硫黄などの大気汚染物質発生量が少ない
⑥ 太陽光発電や風力発電よりも発電コストが低い

一方、短所は以下のとおりである。
① 燃料としてみた場合、化石燃料に比べてエネルギー効率が低い。化石燃料は一次エネルギーの35〜40%が電力に変換されるが、木質バイオマスでは10〜20%にとどまる
② 収集や運搬にエネルギーとコストがかかる
③ 食料と競合する場合がある
④ 持続的な利用をしなければ生態系の破壊や社会的問題を引き起こ

すおそれがある

図3-32にわが国の2008年のバイオマス資源賦存量と利用可能量を示した[11]。わが国において2009年に利用されたバイオマスエネルギーは原油に換算すると454万kLであり、一次エネルギー国内供給量56,176万kLに占める割合は0.81%であった。わが国では廃棄物系バイオマスはリサイクル義務などにより利用率が向上しているが、未利用バイオマスは利用が進んでいない。日本は平野が少ないため、バイオマス資源が地域に低密度、広範囲に賦存しており、収集および運搬にエネルギーとコストがかかるためである。

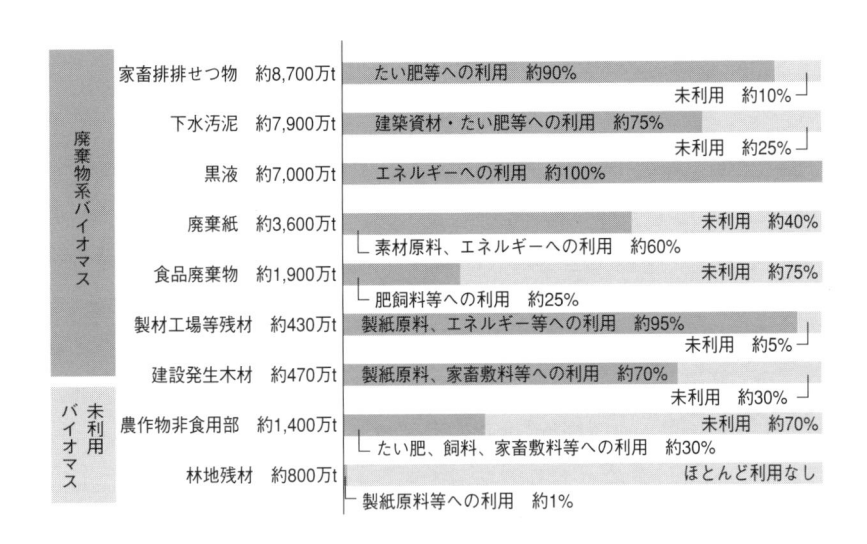

廃棄物系バイオマス
- 家畜排せつ物 約8,700万t　たい肥等への利用　約90%　未利用　約10%
- 下水汚泥 約7,900万t　建築資材・たい肥等への利用　約75%　未利用　約25%
- 黒液 約7,000万t　エネルギーへの利用　約100%
- 廃棄紙 約3,600万t　素材原料、エネルギーへの利用　約60%　未利用　約40%
- 食品廃棄物 約1,900万t　肥飼料等への利用　約25%　未利用　約75%

未利用バイオマス
- 製材工場等残材 約430万t　製紙原料、エネルギー等への利用　約95%　未利用　約5%
- 建設発生木材 約470万t　製紙原料、家畜敷等への利用　約70%　未利用　約30%
- 農作物非食用部 約1,400万t　たい肥、飼料、家畜敷料等への利用　約30%　未利用　約70%
- 林地残材 約800万t　製紙原料等への利用　約1%　ほとんど利用なし

※「食品廃棄物」の利用率は、現時点において20年度の統計結果が公表されていないため、19年度の統計結果を基に算出
（出所）第12回バイオマス・ニッポン総合戦略推進会議
　　　　バイオマス・ニッポン総合戦略推進アドバイザリーグループ会合合同会議
　　　　参考資料2

図3-32　日本のバイオマス賦存量と利用可能量

3.7 再生可能エネルギー導入の課題

表 3-3 に再生可能エネルギーを利用した発電方式を含む主な発電方式の特徴をまとめた[18]。表 3-4 に発電方式別の発電原価試算結果（1 kW·h

表 3-3 主な発電方式の特徴

発電方式	電源特性	環境負荷	供給安定性	課題等
石炭火力	一定の発電量を維持する発電に用いられている。	他電源と比べ、二酸化炭素排出量が最も多い。	資源が広く、多くあるため供給安定性は高い。	二酸化炭素排出を抑えるため、高効率な発電方式などの対策が望まれる。
石油火力	需要量変化への対応に用いられている。	二酸化炭素排出量は、天然ガスより多く、石炭よりは少ない。	中東地域への依存度が高く、供給安定性に懸念がある。	石油依存度を低下させる目的から、さらなる導入は好ましくない。
LNG 火力	高効率で、需要量変化への対応や一定の発電量を維持することも対応できるなど優れた特性がある。	石油や石炭火力と比べ、二酸化炭素排出量が少ない。	東南アジアや中東への依存度が高く、供給安定性は高くない。	より高い効率の発電方式が開発・導入されている。
原子力発電	一定の発電量を維持する発電方法がとられている。	発電時に二酸化炭素をほとんど排出しない。	燃料のウランは多くの地域に分布し、燃料の備蓄が容易など、供給安定性は高い。	国民の原子力に対する不安の解消、安全対策の徹底、高レベル放射性廃棄物の処理処分対策の解決が必要不可欠。
水力発電	需要量変化への対応にも用いられる。	発電時に二酸化炭素をほとんど排出しない。	渇水時には発電が困難になる。	大規模発電が可能な場所が少なくなっている。
太陽光発電	発電が不安定であり、天候や時間帯により必要な電力が得られない。	発電時に二酸化炭素をほとんど排出しない。	資源の制約はないが、不安定である。	不安定な発電への対策と高いコストの低減が必要になる。
風力発電	発電が不安定であり、風の状況のよい場所が求められるため立地場所が限られる。	発電時に二酸化炭素をほとんど排出しない。	資源の制約はないが、不安定である。	不安定な発電への対策と騒音、景観などへの対策が必要になる。

表3-4 発電方式別の発電原価試算結果（1 kW·h 当たりの発電費用）

発電方式	発電単価〔円/kW·h〕	設備利用率〔%〕
水力	8.2 ～ 13.3	45
石油	10.0 ～ 17.3	30 ～ 80
LNG	5.8 ～ 7.1	60 ～ 80
石炭	5.0 ～ 6.5	70 ～ 80
原子力	4.8 ～ 6.2	70 ～ 85
太陽光	46	12
風力	10 ～ 14	20
地熱発電	13 ～ 16	70

注）設備利用率〔%〕＝{1年間の発電電力量 /（定格出力× 1年間の時間数）}×100〔%〕

（出所）地熱発電以外は経済産業省、エネルギー白書2008年版（2008）
地熱発電は地熱エネルギーの開発・利用の推進に関する提言、新エネルギー財団新エネルギー産業会議（平成13年3月）。

当たりの発電費用）を示す。石炭やLNGなどの化石燃料に比べると、再生可能エネルギーによる発電コストは高い。そのため普及拡大に向けたさまざまな導入促進策が必要である。

また、今後、再生可能エネルギーによる発電は、必要に応じて電力貯蔵や電力系統との連系を通して需給バランスをとりながら利用する分散エネルギーシステムになる。**表3-5**に、分散エネルギーシステムの構成要素としての再生可能エネルギーの比較を示す[19]。再生可能エネルギーによる発電は、自然条件の影響を大きく受けるため、供給が不安定であることは否めない。このような発電量が安定しない電力が大量に電力網系統に流れ込むと、既存電力の電圧上昇、余剰電力の発生、周波数調整力の不足などの課題が発生する可能性がある。再生可能エネルギーに基づく電力の大規模な導入を実現するうえでは、これらの系統連系に関す

3.7 再生可能エネルギー導入の課題

表3-5 分散エネルギーシステムの構成要素としての再生可能エネルギーの比較

再生可能エネルギー	太陽光	太陽熱	風力	バイオマス	地熱	中小水力
資源	太陽光エネルギー（約1 kW/m²）	太陽熱エネルギー（約1 kW/m³）	風力エネルギー（風を受ける面積、空気密度、風速の3乗に比例）	木質バイオマス、畜産廃棄物、建築廃棄物、食品廃棄物など	地熱エネルギー（高温高圧の熱水や蒸気）	水のポテンシャルエネルギー
変換技術	半導体の光電効果で光を直接電力に変換	集熱器により、太陽光を熱に変換	風車の回転エネルギーを発電機により電力変換	直接燃料、化学変換によるガス化等により熱エネルギーに変換。原動機と発電機を介して電力変換も可能	熱エネルギーを直接熱利用。原動機と発電機を介して電力変換も可能	水のポテンシャルエネルギーを水車の回転エネルギーに転換し、発電機により電力転換
貯蔵技術	電力出力調整のためには必要	蓄熱槽が必要	電力出力調整のためには必要	木質バイオマスのチップ化、ペレット化、発酵等液体燃料化による貯蔵	出力調整のためには、蓄熱槽、電力貯蔵技術が必要	電力出力調整のためには電力貯蔵技術が必要
ネットワーク	交直変換装置を介して電力ネットワークと連系可能	熱供給ネットワークにより地域熱供給事例あり	一般的には電力ネットワークと連系して利用	地域熱供給や電力ネットワークとの連系による電力利用	一般的に電力ネットワークと連系して利用	一般的に電力ネットワークと連系して利用
利用システム	屋根に設置した家庭用から普及	屋根に設置した家庭用から普及。給湯の他、冷暖房等への利用も展開中	一般電力系統での利用が中心	近隣の熱需要への供給、余剰電力供給	電力利用は、一般電力系統での利用が中心。熱利用は、暖房、温室、融雪など	灌がい用電力など

る課題を克服する必要がある。

　たとえば、再生可能エネルギーの導入が進んでいる欧州では、こうした課題を、広域送電網により解決しようとしている。風力発電の出力は、微妙な風向のずれ、風量の変動で発電出力は一定しない。しかし、全く別の場所にある風力発電は、風況が異なった変動パターンを示すため、互いに補完し合い、全体として出力変動を平準化することができる。この平準化効果は広域で運用するほど大きくなる。欧州では、広域電力網全体で場所ごとの出力の違いを活用して変動を分散させ、全体と

して平準化させており、20%程度までの風力発電比率であれば、蓄電池などのシステムなしでも、送電網を安定的に運用できるといわれている。また、地域的な規模の効果で平準化できない部分については、調整電源として能力の高い水力、火力を活用して、変動を抑えている。たとえば、北欧は、大量に導入されているデンマークの風力発電の電力を、ノルウェーの水力発電の電力で調整している。わが国においても、東日本・西日本の単位で一体市場を形成し、広域電力網を構築すべきとの提言がなされている。

また、エネルギー貯蔵技術にも大きな期待がかけられている。発電した電気を一時溜めておいて出力を平滑化できれば、系統に与える影響を低減できる。特に、大規模なエネルギー貯蔵は、再生可能エネルギーの大量導入を考えた場合、必須となる技術である。

本書では、再生可能エネルギーを利用した電気エネルギーから製造した水素を「グリーン水素」と呼び、水素エネルギー社会の鍵となる概念と位置づけている。このグリーン水素については、第6章で詳細を述べる。それ以外の大規模な電力貯蔵技術に関しては第7章で解説する。

[参考文献]
1) エネルギー供給事業者による非化石エネルギー源の利用及び化石エネルギー原料の有効な利用の促進に関する法律
2) 柘植秀樹・荻野和子・竹内茂彌編：環境と化学グリーンケミストリー入門、p. 123、東京化学同人（2002）
3) 自然エネルギー白書2011、自然エネルギー政策プラットフォーム（2011）
4) RENEWABLES 2011 GLOBAL STATUS REPORT、p. 17（2011）
5) 渡辺正・金村聖志・益田秀樹・渡辺正義著：電気化学、p. 178（丸善）
6) RENEWABLES 2011 GLOBAL STATUS REPORT、p. 23（2011）
7) 経済産業省資源エネルギー庁：日本のエネルギー2010、p. 27（2010）

3.7 再生可能エネルギー導入の課題

8) 電気事業連合会ホームページより
http://www.fepc.or.jp/learn/hatsuden/new_energy/huuryoku/sw_index_02/index.html
9) 牛山泉著：風力エネルギーの基礎、p. 66、オーム社（2005）
10) RENEWABLES 2011 GLOBAL STATUS REPORT、p. 20（2011）
11) 経済産業省資源エネルギー庁：日本のエネルギー 2010、p. 28（2010）
12) 2010 Survey of Energy Resources, World Energy Council（WEC）
13) 経済産業省資源エネルギー庁：平成 22 年度「エネルギーに関する報告書」（エネルギー白書2011）、p. 110（2011）
14) ほくでんホームページより
http://www.hepco.co.jp/ato_env_ene/energy/fire_power/about_geo.html
15) 「地熱発電の開発可能性」（独）産業技術総合研究所 地圏資源環境研究部門 矢野雄策より
http://staff.aist.go.jp/toshi-tosha/geothermal/gate_day/presentation/AIST3-Muraoka.pdf
16) 経済産業省資源エネルギー庁：平成 22 年度「エネルギーに関する報告書」（エネルギー白書2011）、p. 111（2011）
17) 地熱発電について、資源エネルギー庁・地熱発電に関する研究会における検討、資料
http://www.meti.go.jp/committee/materials2/downloadfiles/g90525c13j.pdf
18) 原子力ポケットブック 2004 年版、日本原子力産業会議（2004）より改変
19) 科学技術動向、文部科学省 科学技術政策研究所 科学技術動向研究センターレポート 3 再生可能エネルギーの普及促進策と技術課題 大平竜也 2005 年 8 月号
http://www.nistep.go.jp/achiev/ftx/jpn/stfc/stt053j/0508_03_feature_articles/200508_fa03/200508_fa03.html

第4章 電力系統とスマートグリッド

　最近、スマートグリッドという言葉をよく聞く。再生可能エネルギー電力系統に大量導入するためには、スマートグリッドにすればよいという印象が大きくなっているのではないだろうか。

　本章では、スマートグリッドとは何かを探り、再生可能エネルギーの電力系統への連系にはどんな問題があるのか、スマートグリッドで何が解決できるかをみていく。

4.1 スマートグリッドへの期待

　アメリカ合衆国のオバマ政権が「米国再生・再投資法」に基づいて2009年10月にスマートグリッド事業化補助金の公募をして以来、世界中で「スマートグリッド」という言葉がもてはやされている。これまで電力分野に参入していなかった企業も、ビジネスチャンス到来とばかりに参入を狙っている状況である。

　しかし、新規参入者が増えれば増えるほど「スマートグリッドって本当は何なの」という疑問を持つ人が増えているように感じられる。スマートグリッドの定義はいろいろなものが考えられているが、たとえばIEC（電気に関する国際標準機関）では次のような案が検討されている。

　次のような目的を達成するために、情報交換と制御技術、分散コンピューティングと関連するセンサおよびアクチュエータを活用した電力供給システム。
- ネットワークユーザーやその他の利害関係者の振る舞いや行動の統合
- 持続可能で経済的かつ安全な電力供給の効率的な提供

　これを見ても「本当は何なの」という疑問は少しも解消されない。そもそも現在のスマートグリッドは情報通信技術を活用しさえすれば「何でもあり」の状況なので定義をしっかりすることがとても難しく、誰もが「これがスマートグリッドだ」といいやすい状況になっているのだ。

　それでは理解しにくいので、ここでスマートグリッドの特徴を要約しておきたい。

　① 基幹系統（超高電圧）から配電ネットワーク（低電圧）まで自動

化を行い、信頼性を向上させること
② 情報通信技術を利用して供給側と需要側を結びつけ、需要側の可能性を引き出すこと（スマートメータはそのための機器の代表格）
③ 出力が不安定に変動する太陽光発電のような再生可能エネルギーの大量導入に耐えられる電力系統を作ること

　日本を含む世界で検討されているスマートグリッドは上記の三つの特徴を持っていることが多いので、これらがスマートグリッドがスマートグリッドたる所以(ゆえん)となっているということができよう。再生可能エネルギー利用のためのエネルギー貯蔵・輸送技術を考えるときにはこれらの特徴はすべて非常に重要である。

　太陽光発電などは1つひとつの規模が小さく、住宅の屋根に設置されるような形態が考えられているが、その場合はこれまで自動化が遅れていた配電ネットワークに連系（接続）されることになる。その場合には4.2節で述べるようにさまざまな問題が生じる恐れがあり、第1の特徴であるネットワークの自動化が大変重要になる。

　また、再生可能エネルギーの導入量が増えてくるとその出力が変動するため、需要（消費）と供給（発電）のバランスをとることが難しくなってくる。そのようなときに、第2の特徴を活用して需要側で消費量を調整し、バランスの維持に貢献してもらえれば供給側の負担が軽減される。

　第3の特徴で述べていることは、上記のような自動化、需要側の可能性を活用し、さらに電力貯蔵も組み合わせてシステム全体として今後増加が予想される再生可能エネルギー電源に備えようということである。需要と供給のバランスの問題とその対処法としての需要側の可能性および電力貯蔵の活用については4.3節で述べることにする。

4.2 低圧ネットワークへの多数導入と問題点

多数の小規模発電設備が、低圧の送配電ネットワークに多数導入されることによって考えられる問題点は、電力の逆流、配電線電圧分布の変化、単独運転、FRT（Fault Ride Through）などがある。

送電線に接続されている大規模発電所の運転状況次第では送電線に流れる電力の向きが変化することは当然あり得ることである。したがって、送電線は電力の向きが変化しても大丈夫なように保護、制御が設計されている。しかし、配電線では変電所側から末端に向けて電力が流れることを暗黙の前提条件として保護、制御が行われている。これは最終需要家一軒一軒に電気を送らなければならないため、総延長が非常に長くなっている配電線のコストを下げるために行われていることであり、分散電源がほとんど存在しないこれまでの状況においては、十分に合理的なことであった。

再生可能エネルギー起源の分散電源が大量に導入されることは、これまで考えられてきた前提条件を覆すものであり、技術的に対処することはもちろん可能であるがそのためには許容できないほどのコスト増が伴うものであった。

電圧分布の調整もこれまでは電力が一方向に流れることを前提に簡略的な（したがって、安価な）方法で行われてきたため、制御の高度化が必要であり、どうしてもコスト増を招いてしまう。これらの問題を解決するためには配電線の高度な保護、制御を安価に実現することが必要である。

情報通信技術の発達に伴い、従来に比べれば安価にこのような保護、制御が実現できるようになってきているため、今後は配電ネットワーク

の自動化も進み、再生可能エネルギー導入のためのインフラストラクチャが整備されるものと期待される。

単独運転というのは、電力系統側が停電している状況で分散電源出力とローカルな負荷がたまたまバランスしているときに分散電源の運転が継続することをいう。分散電源周辺の負荷は停電せずに電力が供給されることになるので一見よいことのようだが、ネットワーク保守作業員が通電に気づかずに作業を行うと大変危険なため、防止しなければならない。

発電設備の数が少なければ通信を利用した対処も可能かもしれないが、分散電源が大量導入される場合には通信に頼らない検出方法が求められる。しかし、そのような方法を使用した場合に確実な検出ができることを「証明」するのは困難である。これまでどのような方式を使えば単独運転を確実に、しかも早く検出できるかについて研究が行われてきており、「証明」は難しいものの実用上問題のない性能を持つ方式が標準化されようとしている。

FRTは、瞬時電圧低下（瞬低）などの短時間の系統擾乱時に分散電源が運転を継続する能力のことである。電力ネットワークでは雷撃などによる事故をゼロにすることは不可能であり、事故時にはネットワークを切り替えることによって安定運用を図っているが、切り替える瞬間に電圧が低下することは避けられない。そのときに大量の分散電源が脱落すると事故前には保たれていた需給バランスが損なわれ、周波数変動の原因となることが危惧されている。そのためFRTが求められているのである。

分散電源にとって見れば、瞬低には耐えて運転を継続しなければならないが継続的な停電時には確実に（しかも素早く）停止することが望まれており、その実現のための技術開発が行われている状況である。

4.3 再生可能エネルギー発電大量導入時の周波数問題

　風力発電や太陽光発電は、気象に左右される再生可能エネルギー起源であるために出力が予測不能に変動する。一例として、太陽光発電の出力変動の例を**図 4-1** に示す。導入量が少ない場合には電力系統内のほかの電源で簡単にカバーできるので問題とはならないが、大量導入時にはこのことが大きな問題となる。所与の需要に対して供給するためにはそれに合わせて発電を行う必要があるが、風力発電や太陽光発電は合わせることができず、ほかの電源が需要変動のうえに風力発電や太陽光発電の発電出力変動までも埋め合わせる必要がある。そのために、火力などのほかの電源が出力調整余力を持たねばならず、場合によっては効率の悪い中間負荷運転を強いられる可能性がある。

　また、再生可能エネルギー電源は電力系統全体の需給が厳しいときに発電してくれない可能性があるため、供給力としてあてにするのが難しい。

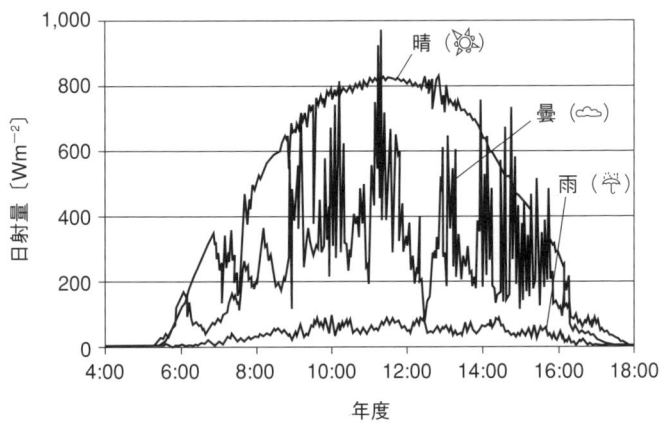

図 4-1　太陽光発電の出力変動の例

4.3 再生可能エネルギー発電大量導入時の周波数問題

　従来の大規模電源であればピーク負荷時に10％程度の予備力を持てば信頼度高く供給を行うことができるとされているが、風力発電や太陽光発電の場合には定格容量で10％程度の余裕があったとしても全く十分ではない。供給力としてどれだけあてにできるかはkW価値（在来型発電所 X〔kW〕増設時と再生可能エネルギー電源 Y〔kW〕増設時に供給信頼度が同程度になったとすると、再生可能エネルギー電源のkW価値は（$(X/Y) \times 100$〔％〕）で計られるが、その大きさは0から数10％とされている。逆に言えば、ピーク時に寄与するためには在来型電源の何倍も導入しなければならないということになる。

　さらに、大量導入時にはシステムの周波数変動を引き起こす可能性もある。上述のように再生可能エネルギー電源の出力変動はほかの電源で吸収する必要があるが、それは容易ではない。現在のところは、再生可能エネルギー電源の出力が余剰になったときには揚水発電所で電力貯蔵を行って吸収することが考えられる（**図 4-2**）が、その能力にも限界がある。

　また新しい揚水発電所を建設しようとしても日本国内には適地があま

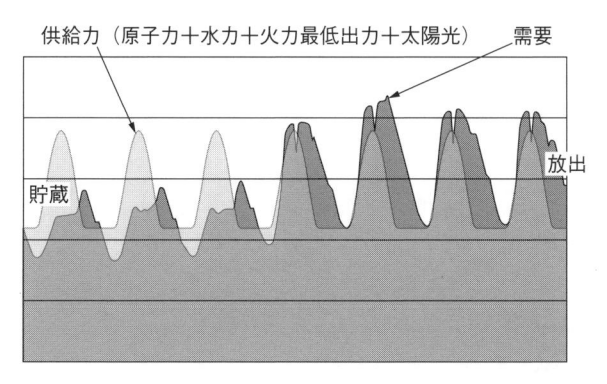

Σ貯蔵＞Σ放出→週間運用で吸収できない余剰

図 4-2　再生可能エネルギー大量導入時の週間需給運用

り残っておらず、適地があったとしても建設には長い期間を要するため、たとえば10年後を目標に再生可能エネルギー電源を大量導入しようという場合には建設が間に合わないことになってしまう。

もし再生可能エネルギー電源の出力変動を吸収しきれない状況になると、系統全体としては周波数変動が引き起こされ、また、局所的には地域間連系線の容量超過が起こる可能性が出てくる（**図4-3**）。そこで対策として考えられるのが蓄電池の導入と需要側の可能性の利用である。

もし、蓄電池を大量に導入して再生可能エネルギー電源の出力変動をすべて吸収することができれば、需要家側の可能性に期待しなくてもこれまでどおりの電力供給ができるが、現実には蓄電池のコストはまだまだ高く、必要なだけ大量に導入することは難しい状況である。そこで、再生可能エネルギー電源の急激な出力変化を吸収するためには蓄電池によるエネルギー貯蔵を活用し、対応しきれない変動（もう少しゆっくりした変動）は需要家側の可能性を利用することで対処することが考えられている。

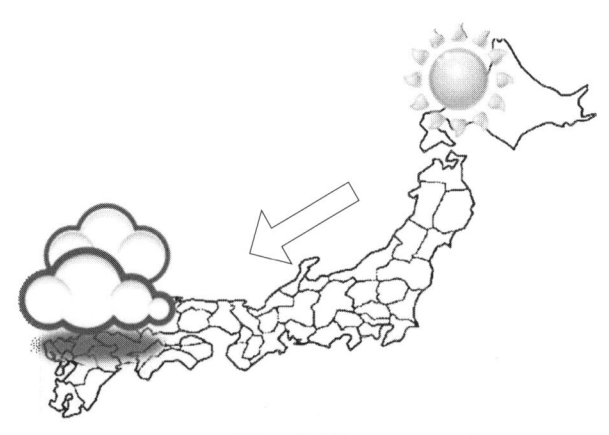

図4-3 地域間連系線を流れる電力

再生可能エネルギー電源の出力が大きく、電気があまっている状況のときにたくさん電気を使い、逆に再生可能エネルギー電源の出力が小さく、電気が足りない状況のときに節電するというしくみを構築するというものである。このようなしくみはデマンドレスポンス（需要側反応）と呼ばれ、最初に述べたようにスマートグリッドの重要な特徴となっているものである。

第5章 エネルギーキャリア
——電気と水素

　現代文明はエネルギーを局所的に高密度で利用するシステムである。そのため、低密度で局在しており、変動の大きな再生可能エネルギーは、そのままでは現代文明を維持するには非常に使いにくいエネルギーである。

　本章では、再生可能エネルギーを現代文明に取り込むために重要となる二次エネルギーについて解説する。

5.1 エネルギーキャリアへの変換

　人類は、可能であれば現在の生活様式・文明システムをより豊かなものにしたいと考えている。現代文明は石油などの化石燃料に代表される莫大なエネルギーの使用を前提として構築されている。化石燃料は過去数億年の太陽エネルギーの凝縮であり、質量・体積エネルギー密度ともに非常に高い（たとえばガソリンの質量エネルギー密度は 46 MJ kg^{-1}、体積エネルギー密度は 35 MJ dm^{-3}）。

　人類は、その化石エネルギーを局所的に消費する場所、すなわち高エネルギー消費地である都市群をつくっている。つまり、現代文明はエネルギーを局所的に高密度で利用するシステムである。そのため、低密度で局在しており、変動の大きな再生可能エネルギーは、そのままでは現代文明システムを維持するには非常に使いにくいエネルギーである。

　現在のシステムを大きく変更することなく文明を維持するためには、低密度の太陽光エネルギーを現代文明に利用しやすい形態に変換し、高エネルギー消費地へ集積する必要がある。そのためには再生可能エネルギーを一次エネルギーとして、エネルギーキャリアである二次エネルギーに変換することが必要となる。そのような二次エネルギーは次のような特性を持つことが求められる。

① さまざまな一次エネルギーから容易に産出できる
② 各種形態のエネルギーへの変換効率が高い
③ 消費者が取り扱いやすい
④ 用途に応じて大量貯蔵から少量貯蔵まで可能である
⑤ 短距離輸送から長距離輸送まで容易である
⑥ 使用に際して、環境に有害物質を排出しない

これらの特性のすべてを、単一の二次エネルギーのみでカバーすることは不可能である。しかし、二次エネルギーとして「電気」と「水素」を用いることにより、これらの特性をほぼすべて満足させることができる。「電気」は、①さまざまな一次エネルギーから容易に産出できる、②各種形態のエネルギーへの変換効率が高い、③消費者が取り扱いやすい、などの優れた特性を持つ。しかし、大量貯蔵や長距離輸送が困難であるという欠点がある。それらの欠点を補完し、電気の相補的な役割を担う二次エネルギーとして「水素」が候補となる。水素は二次エネルギーとして次のような特性を持つ。

① 水素は気体・液体・金属水素化物（固体）として用途に応じた形態で貯蔵できる。また電気は移動に送電線が必要であるが、水素は貯蔵して輸送することが可能である。したがって、電気は短距離の輸送に、水素は長距離あるいは送電線のない場所への輸送に適している

表 5-1 に貯蔵において重要な水素貯蔵量およびエネルギー密度を示し

表 5-1　水素貯蔵量とエネルギー密度の比較

貯蔵媒体	水素含有量 [wt%]	水素貯蔵量 [g/cm^3]	エネルギー密度 (水素の燃焼熱)	
			[J/g- 媒体]	[J/cm^3- 媒体]
標準状態のガス	100	8.9×10^{-5}	143,000	13
水素ボンベ (250 atm)	100	0.017	143,000	2,430
液体水素 (20 K)	100	0.070	143,000	10,010
MgH_2	7.6	0.110	10,870	15,730
TiH_2	4.0	0.151	5,720	21,593
Mg_2NiH_4	3.6	0.093	5,150	13,300
$TiFeH_{1.9}$	1.8	0.095	2,570	13,590
$LaNi_5H_6$	1.4	0.103	2,000	14,730
$MmNi_{4.5}Mn_{0.5}H_{6.6}$	1.5	0.101	2,150	14,440

Mm：ミッシュメタル

た。水素吸蔵合金では、水素が結晶格子間に原子状に侵入して金属水素化物を生成し、常温・常圧の水素は 1/1,000 以下の体積に圧縮される。大規模貯蔵には気体、輸送機関による輸送には液体、交通機関用および小規模貯蔵用には金属水素化物を利用することができる。

② H_2 はほかの燃料と比較して単位重量当たりのエネルギーが大きい

H_2 の陽子数・電子数はヘリウム原子と等しいが、中性子を持たないため、分子量はヘリウムの原子量の 1/2 であり、あらゆる物質の中で最小となる。このことが、H_2 の物性値に大きく影響し、燃料として優位になる。

表 5-2 にエネルギーキャリアとなりうる物質（燃料）の燃焼反応に対する、1 atm、25℃での熱化学値を物質量 1 モル当たりと単位質量当たりに分けて示す。ただし、生成する H_2O は液体の水とした。$-\Delta H°$ は燃焼させたときに発熱する熱量であり、$-\Delta G°$ は燃料として電池を組んだときに取り出しうる電気エネルギー量になる。物質量 1 モル当たりではこれらの燃料の中で $-\Delta H°$、$-\Delta G°$ とも H_2 が最も小さいが、これらの中で大きな差はなく、最大で 3 倍程度である。

一方、実用上重要である単位質量当たりになると、H_2 の分子量が小

表 5-2　各種燃料の燃焼反応の熱化学値の比較（25 ℃、101.3 kPa）

燃 料		$\Delta H°$ [kJ/mol]	$\Delta H°/M$ [kJ/g]	$\Delta G°$ [kJ/mol]	$\Delta G°/M$ [kJ/g]
水素	H_2	-286	-143	-237	-118
メタン	CH_4	-890	-55.6	-818	-51.0
一酸化炭素	CO	-283	-10.1	-257	-9.2
炭素（グラファイト）	C	-394	-32.8	-394	-32.8
メタノール	CH_3OH	-727	-22.7	-702	-21.9
ヒドラジン	N_2H_4	-622	-23.9	-624	-19.5
アンモニア	NH_3	-383	-22.5	-339	-19.9
ジメチルエーテル	CH_3OCH_3	$-1,460$	-31.7	$-1,390$	-30.2

さいことにより、飛び抜けて大きな値となる。二次エネルギー、ないしはエネルギー変換媒体としての大量の輸送、貯蔵を考えたとき、この単位質量当たりの H_2 の大きなエネルギー値は大きな利点となる。

③ 電気化学システムを用いて、H_2O に対する H_2 と O_2 の化学エネルギーと電気エネルギーを比較的容易に直接相互に変換できる

電気化学システムを用いれば、化学エネルギーと電気エネルギーを直接相互変換することができる。H_2O に対する H_2 と O_2 の化学エネルギー ΔG は

$$\Delta G = -zFU \tag{5-1}$$

z：反応電子数、F：ファラデー定数、U：可逆電池の起電力

の関係を通して電気エネルギーに変換できる。1 atm、25℃での燃料電池で得られる理論起電力は 1.23 V であり、水の理論分解電圧は 1.23 V となる。(5-1) 式はどのような燃料を用いても理論的には成立する。しかし、実際には反応を有限の速度で行わせるための余分なエネルギー（過電圧）が必要であり、これが燃料によって大きく異なる。

また、燃料が化合物の場合、酸化反応の生成物として完全な酸化状態ではない化合物が生成する場合や、逆に完全な酸化物を電解しても実際には燃料が全く生成できない場合もある。たとえば、酸性電解質中で H_2 は電気化学的に活性であり、その反応速度は非常に速く、酸化反応および電解生成反応の過電圧は小さい。また、酸化生成物は水だけである。それに対して、メタノールやジメチルエーテルでは電極触媒を被毒するため酸化反応の過電圧が大きく、またホルムアルデヒドやギ酸などさまざまな生成物を生じる。逆にそれらの完全な酸化物である CO_2 と H_2O の電解によりメタノールやジメチルエーテルを生成するのは非常に困難である。

④ H_2 の燃焼生成物である水は生物に無害であり、環境汚染物質を排出しない

水は人体の約 65％、生物によっては 99％ を占める物質である。無害であるというよりも、むしろ水の循環作用なしに生物は生存できない。

これらの特性を考慮すると、水素 H_2 が電気エネルギーを補完する二次エネルギーとして優れていることがわかる。現在考えられているエネルギーシステムを図 5-1 に示す。

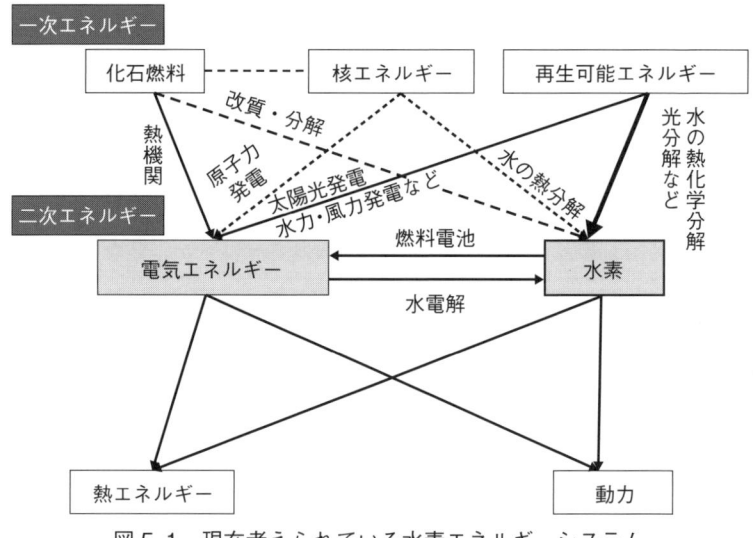

図 5-1　現在考えられている水素エネルギーシステム

第6章 グリーン水素

　再生可能エネルギーを一次エネルギーとし、二次エネルギーとしての水素を製造することがグリーン水素の考え方である。

　本章では、水素エネルギーシステムについて考え、物質循環の立場からその必然性を考察する。また、水素の特徴や利用の歴史、各種の製造法について解説する。さらに製造法の中でも、特に重要な水電解について詳しく述べる。

6.1 水素エネルギーとは

水素分子 H_2 が酸素分子 O_2 と反応し水 H_2O になるときエネルギーを放出する。これを利用するのが水素エネルギーである。したがって、厳密には H_2 と O_2 が H_2O に対して、相対的に持つエネルギーとなるが、O_2 は地球大気中に大量にあり反応物として認識しないため、H_2 のみに注目して水素エネルギーと呼んでいる。

水素エネルギーの H_2 1 モル当たりの値は、H_2 1 モルと O_2 1/2 モルのもつエネルギーと H_2O（液体）1 モルのもつエネルギーの差となり、1 atm、25℃のとき、標準エンタルピー変化として −285.830 kJ、標準ギブズエネルギー変化として −237.183 kJ である。エンタルピー変化は全エネルギー変化、ギブズエネルギー変化はエンタルピー変化のうち仕事として取り出しうるエネルギー変化であり、電池を組むと電気エネルギーとして取り出すことができる。電気エネルギーを取り出さないときには、エンタルピー変化はすべて熱となる。この様子を**図 6-1** に示した。

天然の H_2 は地球上にほとんど存在しないため、H_2 は水素を含む化合物から生成することになる。この水素を作り出すためにはエネルギーが必要であり、それに用いられるエネルギーが一次エネルギーで、水素は二次エネルギーとなる。H_2O から H_2 を製造する場合には、高温にするか外部から仕事として電気エネルギーや光エネルギーを加える必要がある。たとえば、外部から電気エネルギーを加えて、H_2O 1 モルを H_2 1 モルと O_2 1/2 モルに分解できる。

$$H_2O(l) \xrightarrow{\text{電気分解}} H_2(g) + \frac{1}{2} O_2(g) \qquad (6\text{-}1)$$

この反応の標準ギブズエネルギー変化は 25℃で ＋237.183 kJ であり、

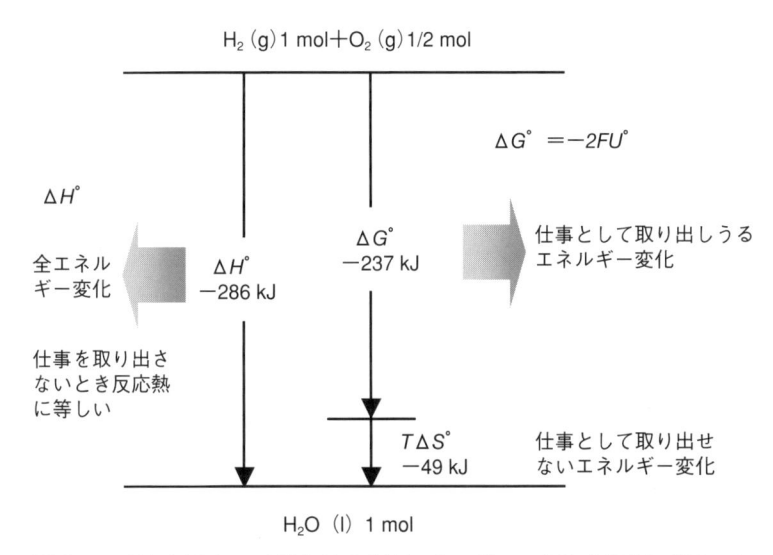

図 6-1 水素分子 1 mol 当たりの水素エネルギー：水生成反応に伴うエンタルピー変化、ギブズエネルギー変化、エントロピー変化の関係（数値は 25℃の標準状態）

 その化学平衡は大きく H_2O に偏っている。したがって、外部から電気エネルギーを与えることによって始めて、(6-1) 式を右に進ませ H_2 と O_2 を生成できるようになる。これは電気エネルギーを H_2 と O_2 の持つ化学エネルギーに変換したことを意味する。

 その結果、H_2 1 モルと O_2 1/2 モルは、H_2O 1 モルに比べると 1 atm、25℃で 237.183 kJ だけギブズエネルギーの高い状態となり、自発的に反応して水を生成するため、H_2 と O_2 に化学エネルギーとして蓄積されていた電気エネルギーを、燃料電池を用いて取り出すことができる。この様子を**図 6-2** に示した。もちろんすべてを熱エネルギーとして取り出し（この場合は標準エンタルピー変化に相当する 285.830 kJ の熱が発生する）、利用することも可能である。

 いずれにしても究極的には、現在地球に降り注いでいる太陽エネル

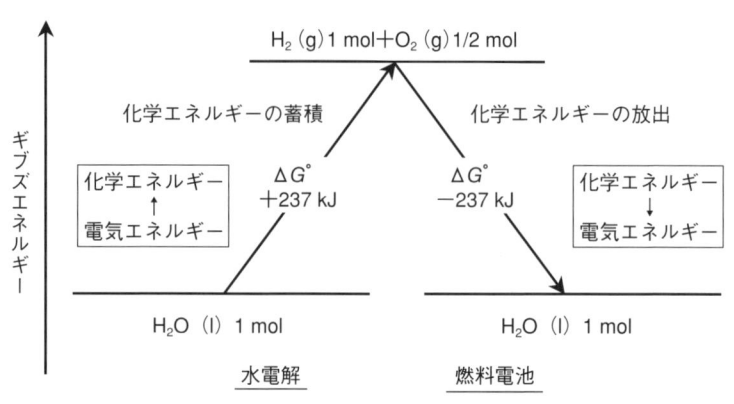

図6-2 化学エネルギーと電気エネルギーの相互変換（25℃ 1atm）

ギーを利用し H_2O を H_2 と O_2 に分解することによって、太陽エネルギーを水素エネルギーに変換し、必要に応じて水素エネルギーを利用することが理想のエネルギーシステムであり、グリーン水素の思想である（**図6-3**）。

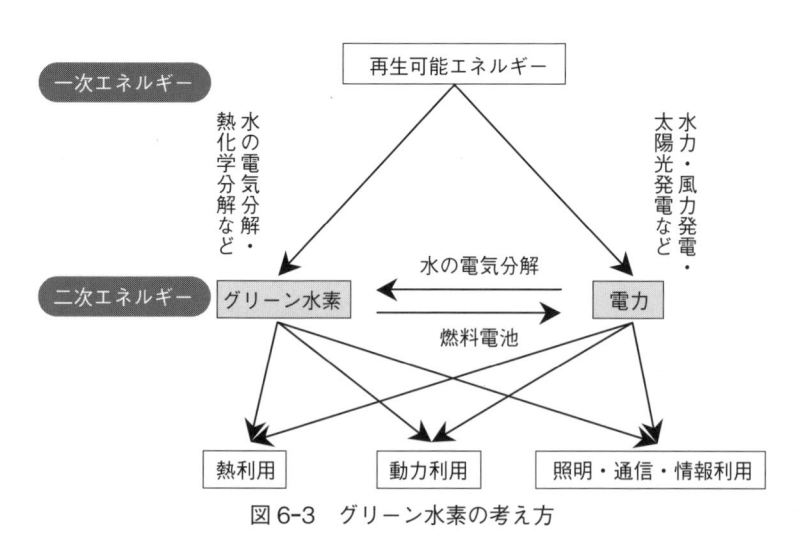

図6-3 グリーン水素の考え方

6.2 水素の特徴

6.2.1 元素としての水素

　水素は原子番号1の元素であり、すべての元素の中で最も軽く、小さい。その同位体には質量数1の水素（H：プロチウム、軽水素：原子量1.007825）、質量数2の重水素（D：ジュウテリウム、原子量2.014102）および質量数3の三重水素（T：トリチウム、原子量3.01605）がある。いずれも原子核に含まれる陽子は1個であり、中性子数が水素では0、重水素では1、三重水素では2になる。これらの同位体ではほかの元素に比べてH、D、T間での相対質量比が大きく、同位体効果が最も大きい元素である。

　水素、重水素は安定に存在するが、三重水素は放射性同位体元素（半減期12.33年）である。自然界での存在比は、水素が99.985％と大部分を占め、重水素は0.015％と少ない。三重水素は天然には10^{-16}％程度と極めて少量しか存在しないが、人工的に^{6}Liを利用するなどした核反応生成物として得られ、トレーサとしても利用されている。重水素、三重水素は夢のエネルギー源として研究が進められている核融合に用いられているが、本書ではこれは取り扱わない。

　宇宙において水素は豊富に存在している。原始太陽系星雲の水素の存在比は重量比で75.6％であり、次いでヘリウムが23.8％となり、宇宙はほとんどが水素とヘリウムである。宇宙では最も簡単な元素である水素から出発する核融合反応により、質量数の大きいほかの元素（重元素）を作り出している。太陽においても、そこに存在する大量の水素による核融合反応がエネルギーの源になっており、化石エネルギーを過去の太陽エネルギーの遺産と考えると、現在われわれが利用しているエネル

ギーの大部分がこれの恩恵に浴していることになる。

地球上を考えると、大気中に単体として存在している水素分子はわずかに0.5体積ppm程度である。大気には酸素が含まれているため、水素は単体として安定に存在できず、酸素と結合して水となるか、水酸化物として、あるいは配位水や構造水として鉱物中に存在する。また、水素は炭化水素やアンモニア誘導体など、ほかの元素とのさまざまな化合物としても存在している。

水素の地殻中の存在度は質量比で0.14%と小さいが、非金属元素では酸素・ケイに次ぐ3番目であり、元素全体では10番目である。水素の地殻存在度には海洋に存在する水の水素は含まれていない。海を考えると、そこに存在する水は無限大の量であり、水素は多量に存在すると言える。

6.2.2 水素の基礎物性
（1） 水素分子

水素は2原子分子を作る。**表6-1**に同位体からなる水素分子の物理化学的性質をまとめた[1]〜[5]。なお、表中の物質はすべて室温でオルト・パラ平衡の割合にある混合物である。

核スピンから生ずる核磁気モーメントによる相互作用は小さいので、水素分子を形成しても各原子核の核スピンの方向は変わらない。したがって、2つの核のスピン関数が、対称あるいは反対称となる2種の水素分子が存在する。対称なスピン関数を持つ水素分子をオルト水素、反対称なスピン関数を持つ水素分子をパラ水素と呼ぶ。H_2の場合、パラ水素の方が回転のエネルギーが低いので低温ではパラ水素の存在比が増加し、高温ではボルツマン分布に従いオルト・パラ存在比は3:1になる。これをノルマル水素と呼んでいる。

表6-1 同位体を含む水素分子の物理化学的性質

	単位	H_2	HD	D_2	T_2
分子量		2.0159	3.0221	4.0282	6.0321
核間距離	pm	74.166	74.13	74.143	74.142
基準振動数	cm^{-1}	4,395.24	3,817	3,118.46	2,546.5
解離エネルギー (298.15 K)	$kJ\ mol^{-1}$	436.002	439.446	443.546	446.9
零点エネルギー	$kJ\ mol^{-1}$	25.9		18.5	15.1
標準融点	K	13.957	16.60	18.73	20.62
標準沸点	K	20.397	22.13	23.67	25.04
三重点温度	K	13.956	16.6	18.73	20.96
三重点圧力	kPa	7.17	12.5	17.15	21.60
臨界温度	K	33.24	35.91	38.35	40.44
臨界圧力	kPa	1,298	1,483	1,665	1,850
臨界密度	$kg\ m^{-3}$	30.1		67.4	106.2
融解エンタルピー	$kJ\ mol^{-1}$	0.117	0.159	0.197	0.250
蒸発エンタルピー	$kJ\ mol^{-1}$	0.904	1.075	1.226	1.393

H_2 の場合、液体水素の温度で熱平衡状態にあれば、90％がパラ水素として存在する。しかし、オルト・パラ変換の速度は遅く、普通に冷却するとノルマル水素の状態で液化され、徐々に発熱しながらパラ水素へ変化することになる。オルトからパラへの変換に伴うエンタルピーの変化量（発熱量）は $1.406\ kJ\ mol^{-1}$ である。一方、ノルマル水素の蒸発エンタルピーは $0.904\ kJ\ mol^{-1}$ なので、液化水素は貯蔵前に、酸化鉄や酸化クロムなどの触媒を使ってオルト水素をパラ水素へ変換しておく必要がある。

（2） 水素の物理的特徴

H_2 の物理的性質を He、N_2 および O_2 と比較して**表6-2**に示した[1)～5)]。H_2 の陽子数・電子数はヘリウム原子と等しいが、中性子を持たないため、分子量はヘリウムの原子量の1/2となり、あらゆる物質の中で最小

表6-2 水素の物理化学的性質とほかの元素との比較

	単位	H_2	He	N_2	O_2
分子量		2.0159	4.0026 (原子量)	28.0341	31.9988
原子間距離	pm	74.16	—	109.8	120.7
分極率	10^{-24} cm^{-3}	0.81	0.205	1.74	1.57
van der Waals 係数 a	atm dm^6 mol^{-2}	0.2484	0.0346	1.370	1.382
b	dm^3 mol^{-1}	0.02651	0.02356	0.0387	0.03186
イオン化エンタルピー	MJ mol^{-1}	1.48841	2.372	1.59336	1.1647
逆転温度	K	215	46	621	893
密度 気体 (0℃、101.3 kPa)	g dm^{-3}	0.08988	0.1785	1.2506	1.4291
液体	g cm^{-3}	0.07085 (b.p.20.35 K)	0.1255 (4.27 K)	0.808 (77.37 K)	1.447 (b.p.27.23 K)
固体	g cm^{-3}	0.8077 (11.15 K)		1.026 (20.65 K)	1.425 (20.65 K)
解離エネルギー (298.15 K)	kJ mol^{-1}	436.002	—	945.33	498.34
定圧熱容量 (298.15 K、0.103 kPa)	J K^{-1} mol^{-1}	28.83	20.786	29.124	29.36
定圧比熱	J K^{-1} g^{-1}	14.30	5.193	1.039	0.9175
標準融点	K	13.957	1 (2.533 kPa)	63.14	54.75
標準沸点	K	20.39	4.215	77.36	90.19
三重点温度	K	13.96	2.173 (λ点)	63.15	54.361
三重点圧力	kPa	7.17	5.05	12.53	0.152
臨界温度	K	33.19	5.2014	126.20	154.58
臨界圧力	kPa	1297	227.46	3,400	5,043
融解エンタルピー	kJ mol^{-1}	0.117	0.021	0.72	0.44
蒸発エンタルピー	kJ mol^{-1}	0.904	0.084	5.58	6.82
熱伝導度 (300 K)	10^{-4} W m^{-1} K^{-1}	1,815	1,510	259	267.4
粘性率 (290 K)	10^{-6} Pa s	8.32	18.48	16.45	18.96
水への溶解度 (298.15 K、101.3 kPa)	10^{-5} モル分率	1.411	0.6997	1.183	2.293

となる。このことが H_2 の物性値に大きく影響する。分子量が最小であるため、気体・液体・固体状態のおのおのにおいて、H_2 の密度はあら

ゆる物質の中で最小となる。

またH_2のモル熱容量はほかの2原子分子と大差ないが、比熱は分子量が小さいため大きくなり、N_2やO_2の14倍となる。また熱伝導度もN_2やO_2の7倍であり、これらの性質を利用して、発電機等の冷却剤としても利用されている。

水素原子は小さいため、立体障害を受けることなく分子や結晶中に入ることができる。さらに、通常の水素は原子核に中性子をもたないため質量が小さく、量子論的なトンネル効果によって結晶内を容易に移動できる。たとえば、バナジウム中の水素と炭素の拡散係数を200℃で比較すると、水素はおよそ10^{-8} m^2/s、炭素はおよそ10^{-19} m^2/sと大きな違いがある。鉄中の水素の拡散は室温では最も速く、その拡散係数は10^{-8} m^2/sにもなる。

H_2のもう1つの大きな特徴はジュール・トムソン係数の逆転温度である。ジュール・トムソン膨張とはエンタルピー一定の不可逆的な断熱膨張であり、そのときの圧力変化に対する温度の変化率をジュール・トムソン係数と呼び、μで表す。すなわち、

$$\mu = \left(\frac{\partial T}{\partial P}\right)_H = \frac{1}{C_P}\left[T\left(\frac{\partial V}{\partial T}\right)_P - V\right] \tag{6-2}$$

ここでTは絶対温度、Pは圧力、Hはエンタルピー、C_Pは定圧熱容量、Vは体積である。

理想気体では$\mu=0$であるが、実在気体ではガスの種類と状態によりμは正とも負ともなる。正から負にかわる状態、すなわち$\mu=0$の状態をジュール・トムソン反転点と言い、その軌跡を反転曲線と呼ぶ。**図6-4**は水素ガスの反転曲線であり[3]、$P=0$の縦軸と曲線とで囲まれた部分ではμが正、すなわち圧力低下に伴い温度が低下する領域で、この範囲がガスの冷却に使われる。101.3 kPa付近で高温側の反転点はガス

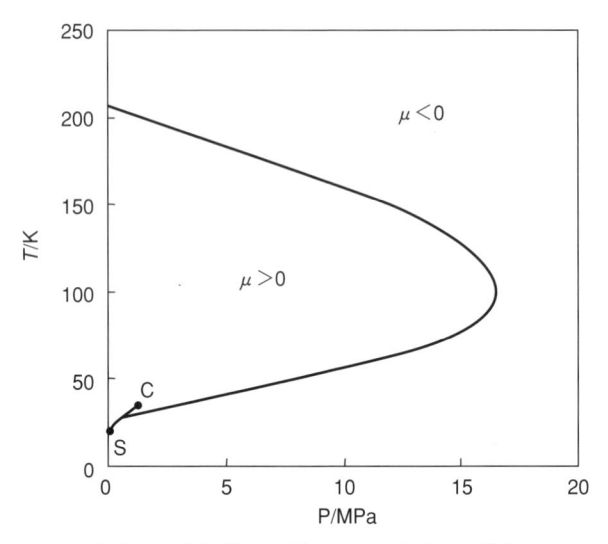

図 6-4　水素ガスのジュール・トムソン曲線
C：臨界点、S：標準沸点、μ：ジュール・トムソン係数

の液化に重要であるのでこれを逆転温度と呼ぶ。

N_2 や O_2 の逆転温度は、それぞれ 621K、893K であり、多くのガスはこの温度が数百℃以上で高い。しかし、H_2 では逆転温度が 215K 程度と低く、常温から H_2 を冷却する場合、初めは断熱膨張のプロセスは使用できないので、液体空気を利用するなどの方法で逆転温度以下に下げる必要がある。

（3）　水素分子の化学的特徴

化学的な性質からみると、水素は元素の周期表の中にうまく収まらない。このことは水素が特異的な化学的性質を示すことを意味する。水素原子は s 軌道に電子を 1 つ持つという観点から 1 族のアルカリ金属のうえに置かれることがある。しかし水素は、アルカリ金属とは性質が大きく異なる。**表 6-3** に水素とアルカリ金属元素の比較を示す[1)2)]。まずイ

表 6-3 水素とアルカリ金属元素の比較

	第一イオン化エネルギー [kJ mol^{-1}]	最外殻電子の有効核電荷数	共有結合半径あるいは金属結合半径 [pm]	陽イオン半径（配位数）[pm]	+1価イオン標準水和エンタルピー [kJ mol^{-1}]
H	1,312	1.00	37	～0（-3～4）	-1,127
Li	520	1.28	152	59(4)、76(6)	-552
Na	496	2.51	186	99(4)、102(6)	-443

オン化エネルギーが Li や Na に比べて 2.5 倍程度大きい。

　このことは最外殻の s 電子が原子核に強く束縛されていることを示している。Li、Na の最外殻電子の有効核電荷数がそれぞれ 1.28、2.51（水素の有効核電荷は 1.00）であるにもかかわらずイオン化エネルギーが大きいのは、最外殻電子の軌道半径が小さいためである。そのため、自由電子を作りにくく、Li や Na が通常の条件では金属であるにもかかわらず、水素は金属ではない。

　またこれは、アルカリ金属元素と異なり、イオン性化合物を作りにくいことも表している。さらに特徴的なことは、1 価の陽イオンであるプロトンの大きさがほとんどゼロでわずかに負となることである。体積が負になることは、プロトンの電荷が周囲の陰イオンを互いに引き寄せる効果を持つことを意味する。また +1 価イオンの 25℃ での標準水和エンタルピーを比べると、H^+ は Li^+ の 2 倍以上大きく、水和によって大きく安定化することがわかる。このことは後述の H_2 の還元作用にも影響する。

　一方、電子を 1 つ受け取って閉殻構造になるという観点から、17 族のハロゲン元素の上におかれることもある。**表 6-4** にハロゲン元素と水素の比較を示す[1)2)]。F や Cl の電子親和力に比べて水素はその 1/5 程度しかなく、閉殻構造をとってもハロゲン元素のように大きく安定化しな

表6-4 水素とハロゲン元素の比較

	電子親和力 〔kJ mol^{-1}〕	共有結合半径 〔pm〕	陰イオン半径 (配位数) 〔pm〕	陰イオン半径／共有結合半径 —
H	72.55	37	154(6)	5.1
F	328.16	64	133(6)	2.1
Cl	348.57	99	181(6)	1.8

い。これは1s軌道が小さいため、受け取って2つとなった電子間の反発が大きいことが原因である。

電子を1個受け取ることによる大きさの変化は、共有結合半径と陰イオン半径の比に現れる。水素の共有結合半径はFやClよりも遙かに小さいにもかかわらず、陰イオン半径はFを越えて大きくなっており、半径比は5を越える。これは電子間反発が大きいことを表している。このように1族でもなく、17族でもない水素の性質はその構造の単純さと大きさが小さいことから生じている。

2個の水素原子が近づくと、それぞれの原子核に束縛されていた1s電子の電子雲が重なって結合性軌道と反結合性軌道を作る。そして結合性軌道に電子が2つ入り、結合次数1の共有結合を作る。これはそれぞれの原子核に束縛されていた電子が、2個の原子核から同時にクーロン力を受けるようになり、核間、電子間のクーロン反発と電子と核のクーロン引力がつりあう平衡核間距離（0.07416 nm）を持つようになることと同じである。水素の特異的な性質は分子の場合にも現れる。結合次数が1の等核2原子分子の結合長と結合エネルギーを**表6-5**に示す[1)2)]。

まず水素分子 H_2 は結合長が極端に短い。F_2 と比べてもおよそ半分しかない。そしてそのために結合エネルギーが非常に大きい。このことは結合に関与する電子が、強く2つの原子核に束縛されていることを示している。そのため金属になることがなく2原子分子が安定である。この

表 6-5　結合次数 1 の等核 2 原子分子の比較

	結合長 [pm]	結合エネルギー [kJ mol^{-1}]
H_2	74.14	436.002
Li_2	267.3	106
B_2	159	297
F_2	141.2	156.9

H_2 の化学反応性を検討しよう。

H_2 の結合エネルギーは等核 2 原子分子としては大きく、原子状水素に 9 割以上解離させるには 5,000℃ 以上が必要である。しかし、このことは必ずしも反応性に乏しいことを意味しない。H_2 の還元作用はよく知られている。酸化と還元は相対的な関係にあるが、酸化還元反応に関与する電子が相対的に高いエネルギー準位を持つ物質が還元作用を示すことになる。H_2 が還元剤として利用できるということは、次式の電気化学平衡に関与する反応電子のエネルギー準位が比較的高いことを意味する。

$$\frac{1}{2}H_2(g) = H^+(aq) + e^-(aq) \tag{6-3}$$

この電気化学反応の標準状態の熱化学的反応サイクルを**図 6-5** に示す。図中 vac は真空中を表す。H_2 の結合解離エネルギーおよびイオン化エネルギーは大きく、H_2 1/2 モルに対して H^+ ガス 1 モルおよび真空中電子 1 モルのエネルギーは 1,528 kJ も高い。しかし、プロトンがきわめて小さいため、1 価の陽イオンとしては水和ギブズエネルギーが極端に大きく、その結果反応電子のエネルギー準位が真空準位基準で -428 kJ（-4.44 eV）と比較的高い値となる。主な酸化還元反応に関与する反応電子のエネルギー準位 ε_e を真空準位基準で示すと**表 6-6** となる。

第6章 グリーン水素

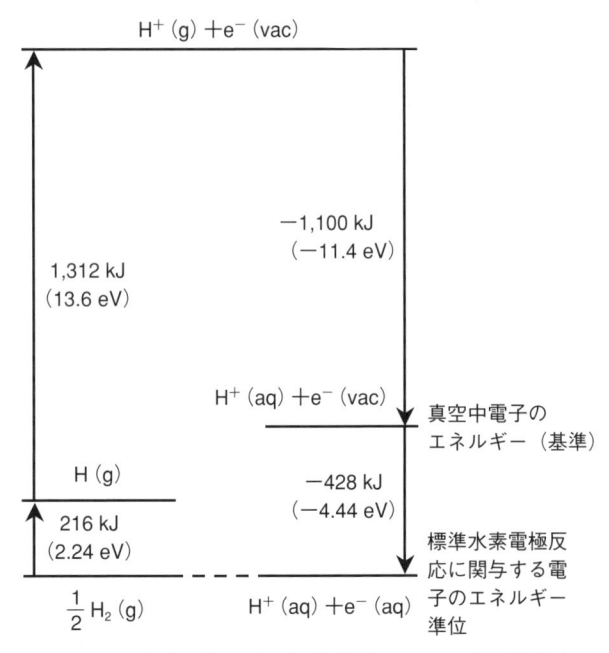

図6-5 水素電極反応の標準状態における熱化学反応サイクル

表6-6 主な酸化還元反応に関与する反応電子のエネルギー準位 ε_e（真空準位基準）

電極反応	ε_e（真空準位基準） [kJ mol^{-1}(eV)]
$1/2Fe^{2+}(aq) + e^- = 1/2Fe(s)$	$-386(-4.00)$
$H^+(aq) + e^- = 1/2H_2(g)$	$-428(-4.44)$
$1/2Cu^{2+}(aq) + e^- = 1/2Cu(s)$	$-469(-4.86)$
$1/2O_2(g) + H^+(aq) + e^- = 1/2H_2O_2(l)$	$-494(-5.12)$
$Fe^{3+}(aq) + e^- = Fe^{2+}(aq)$	$-503(-5.21)$
$Ag^+(aq) + e^- = Ag(s)$	$-506(-5.24)$
$1/4O_2(g) + H^+(aq) + e^- = 1/2H_2O(l)$	$-547(-5.67)$
$1/2Cl_2(g) + e^- = Cl^-(aq)$	$-560(-5.80)$

電子はエネルギー準位の高い方から低い方へ自発的に移動するので、電子のエネルギー準位が−428 kJ(−4.44 eV)よりも低い酸化還元反応に対して還元作用を示すことになる。特にO_2との反応は電子のエネルギー準位が119 kJ(1.23 eV)変化するが、これは外部に取り出しうる電気仕事に等しい。

〔参考文献〕
1) Dean, J. A., Lange's Handbook of Chemistry 15th、(1999)、McGraw-Hill
2) 日本化学会編、化学便覧基礎編Ⅱ改訂4版、(1993)、丸善
3) 低温工学ハンドブック編集委員会編、低温工学ハンドブック、(1982)、内田老鶴圃
4) Greenwood, N. N. and Earnshaw, A., Chemistry of the Elements 2nd、(1997)、Butterworth-Heinemann
5) Lide, D. R., Handbook of Chemistry and Physics 83rd、(2002)、CRC Press
6) Liquide, L. (Ed.)、Encyclopedie des Gaz、(1976)、Elsevier

6.3　水素利用の歴史

ここでは水素の発見および水素利用の歴史について、各年代および主なトピックを中心に述べる[1]〜[3]。(**表 6-7** 参照)

6.3.1　16 世紀〜 18 世紀（水素の発見と初期利用）

16 世紀初頭、スイスの Paracelsus らが硫酸と鉄の反応で水素が生じることを観察した。17 世紀に入り、スイスの Myelin（マイエルン）などによってこのガスが可燃性であることが確かめられ、イギリスの Boyle（ボイル）が 1761 年に鉄に希硫酸を作用させたときに可燃性の気体が生じることを見出している。

イギリスの Cavendish（キャベンディッシュ）は 1766 年に鉄、亜鉛、スズに硫酸や塩酸を作用させて、どのような場合でも同じ可燃気体（H_2）が生成することを確かめた。このことにより、Cavendish が水素の公式の発見者として知られている。ただし、鉄などの金属と硫酸などの酸の反応では、酸である水素イオンが還元されて水素ガスが発生する。しかし、彼は水素ガスが金属からできているものと誤解していた。

水素のラテン語の hydorogenium はギリシャ語の hydr と gennao に由来し、水を生じるという意味を持っている。この名称は 1779 年にフランスの Lavoisier（ラボアジェ）により提案された。その後、彼は 1785 年に水を構成している水素と酸素の量を決定した。また、記号 H についてはスウェーデンの Berzelius により提唱された。

水素の利用については、まず気体として H_2 の密度が小さいことに着目し、1783 年にフランスの Charles（シャルル）が水素による気球を発明して、パリ上空の飛行に成功した。1784 年にはイタリアの Andreani

表 6-7　水素の発見と利用の歴史

16 世紀初頭	硫酸と鉄の反応で生じることを観察
17 世紀	スイスのマイエルンやイギリスのボイルが硫酸と鉄の反応で生じるガスが可燃性であることを確認
1766 年	イギリスの科学者キャベンディッシュが、鉄、亜鉛、スズに硫酸や塩酸を作用させて、どのような場合でも同じ可燃空気（H_2）が生成することを確認
1779 年	フランスのラボアジェがギリシャ語のhydrとgennaoに由来し、「水を生ずる」という意味のラテン語のhydrogeniumと命名
1783 年	フランスのシャルルが水素による気球を発明してパリ上空の飛行に成功。水素気球は飛行船へと発展
1801 年	イギリスのデービー卿が固体炭素を用いる燃料電池の原理を考案
1839 年	イギリスのグローブ卿が、H_2を燃料（還元剤）、O_2を酸化剤とし、電極に白金、電解質に希硫酸を用いた燃料電池を考案
19 世紀	グラハムはパラジウムが多量の水素を吸蔵することを報告
1905 年	ドイツ・カールスルーエ工科大のハーバーがアンモニアの直接合成の平衡測定を行い、合成条件を発見
1913 年	ドイツのBASF社がボッシュを中心にアンモニアの直接合成の日産10トン規模の工場を完成させ、原料としてのH_2の需要が本格化
1937 年	ドイツのヒンデンブルク号の事故とともに水素飛行船の時代は終結
1952 年	イギリスのベーコンがアルカリ形燃料電池で5 kWの発電が可能なことを実証
1960 年代	アメリカ・オークリッジ研究所のライリーらが現在の水素吸蔵合金の基礎となっているマグネシウム基合金やバナジウム基合金が水素吸蔵放出を行うこと、さらに合金組成を制御することでその特性が変わることを実験により証明
1965 年	アメリカでの有人宇宙飛行計画でジェミニ5号に炭化水素系の電解質膜を用いた固体高分子形燃料電池を開発
1966 年	アメリカでTARGET計画が開始され、一般利用へ向けてのりん酸形燃料電池を開発
1981 年	日本でも石油代替・省エネルギー技術の開発を目的としてムーンライト計画に燃料電池が取り上げられ、研究が本格化
1987 年	バラードパワーシステム社がフッ素系電解質膜を用いた固体高分子形燃料電池で0.4 Vで6 A/cm^2という高出力を得て、研究開発が活発化
1990 年	ニッケル—水素電池が実用化

が、翌1785年にフランスのBlanchardが水素を用いた気球の飛行に成功した。

その後、水素気球は飛行船へと発展し、特にドイツで作られたツェッペリン型飛行船は大陸間空路に就航した。しかし、水素を用いたドイツ超大型豪華飛行船ヒンデンブルグ号（全長245 m、直径41 m）（ドイツ・フランクフルト発）が1937年5月アメリカに着陸寸前に爆発炎上し、97人中35名が死亡するという大惨事が起きたことで、水素飛行船は終わりを告げ、ヘリウムに替わったが、その後の航空機の発達によって飛行船そのものが終焉をむかえた。ちなみに、当時火災の発生源が水素ガスということになり、水素に対して危険ガスの悪いイメージがついたが、後年NASAの解析により、発火原因は飛行船の外皮（酸化鉄とアルミナの混合塗料）であると報告されている。

1800年には水の電気分解によって水素と酸素が得られることをNicholsonとCarlisleらが見出し、報告している[4)5)]。これが水の電気分解の起源とされている。ただ、実験事実についてはドイツのPaets van TroostwijkとDeimanらが10年前に発表していることも注目すべきことで[6)7)]、そのことはNicholsonとCarlisleの発表以前にPearsonが言及している[8)]。その後、イギリスのDavy（デービー）により水素が酸に必須の元素として報告され、当時の酸素中心の酸理論を打破するきっかけが作られた[9)]。

6.3.2 19世紀〜20世紀前半（水素利用ディバスの発見、アンモニア合成）

1801年にイギリスのDavyが固体水素を用いる燃料電池の原理を考え出した。1839年2月にイギリスのGrove（グローブ）卿は水素を燃料（還元剤）、酸素を酸化剤とし、電極に白金、電解質に希硫酸を用い

た燃料電池を考案した[10]。これが燃料電池の実証として広く知れわたっている。ただ、燃料電池の効果については1839年1月にスイスのSchoenbein（ションバイン）らが発表していることも注目すべきことである[11]。原理そのものは、どちらも水素の還元力を燃料として利用したものである。しかし、電池性能が低かったため、その後の発電機や内燃機関の発達により、燃料電池は長らく省みられることはなかった。

また、1861年にはドイツのKirchhoffとBunsenらが宇宙にも水素があることを報告している。彼らは太陽光のスペクトルを調べて、太陽に水素が多量にあることを発見した。のちにスイスのBalmer（バルマー）とスウェーデンのRydberg（リュードベリ）らが水素の不連続なスペクトルを詳細に解析した。

1866年イギリスのGrahamがパラジウムの水素吸蔵能を定量的に報告し、水素吸蔵合金に関する研究の礎が築かれた。

1905年にドイツのHarber（ハーバー）がアンモニアの直接合成

$$N_2 + 3H_2 \rightarrow 2NH_3 \quad \Delta H° = -99.4 \text{ kJ·mol}^{-1}$$

の平衡測定を行い、合成条件を見出した。これを受けて、ドイツのBASF社はBosch（ボッシュ）を中心に工業化に着手し、1913年には10トン/日という規模の工場を完成させ、原料としての水素の需要が本格化した。これは現在、広く知られているハーバー・ボッシュ法の基礎となった。合成条件は300気圧、500℃程度の臨界状態で、触媒として酸化鉄（Ⅱ）を主体に用いる。合成されたアンモニアは、硝酸や硝酸アンモニウムの製造にも用いられる。硝酸や硝酸アンモニウムは肥料や爆薬の原料であり、現在でも重要な無機化学産品であるが、その生成に水素の還元力が用いられている。

1906年デンマークのSørensenは水素イオンの濃度が重要であることを突き止め、pHの概念を考案した。これは19世紀にドイツのNernst

(ネルンスト) らが、「水素ガス/プラチナ電極」を開発し、水素イオン濃度が測定できるようになったことに起因するものである。つまり、水素が1 atmで酸が1 molに電位がゼロになり、[H^+] が1/10になるごとに59.5 mVずつ低下する性質を利用したものである。

1932年アメリカのUreyらが大量の液体水素を蒸留し、留分の原子スペクトルを測定して重水素(^2H)を発見した。また、水素ガスの拡散や水の電気分解によってその濃縮に成功した。翌年の1933年アメリカのLatimerは濃縮した重水素中に三重水素(トリチウム)(^3H)の存在を推定し、翌1934年にアメリカのBleakneyは質量分析法により重水を電気分解して得た重水素中に三重水素(トリチウム)が存在することを発見した。同年、アメリカのRutherford(ラザフォード)らはD_3PO_4(Dは^2H)のDによる衝撃によってトリチウム(^3H)の存在を確認した。

$$^2H + {}^2H \rightarrow {}^3H + {}^1H$$

また、1935年には日本の田丸らが燃料電池に関する発表を行った[12)13)]。500～600℃で溶融する塩を目指し、電解質には炭酸ナトリウム-炭酸カリウム-フッ化ナトリウム(フッ化カリウム)-(炭酸バリウム)を添加した三成分(四成分)系溶融塩を精製した。電極には炭素(燃料極)、酸化銅被覆した銅(酸素極)を用いた。のちに炭酸ナトリウム-炭酸カリウム-炭酸リチウムの三成分混合炭酸塩を用いて380℃付近での溶融も確認している。田丸らは500～600℃での燃料電池の大きな問題点は酸素極の分極の大きさに起因することを述べ、酸素極触媒として炭酸塩にホウ酸塩を用いることが有効であることを報告している。発電性能は約0.8 V程度であった。

この研究がわが国の初の燃料電池研究であるとともに、のちの溶融炭酸塩形燃料電池(MCFC)の発展の礎となった。

6.3.3 20世紀後半〜現在（燃料電池の発展、水素吸蔵合金）（表6-8）

1952年にイギリスのBacon（ベーコン）がアルカリ形燃料電池（AFC）で5 kWの発電が可能なことを実証し、特許を得ている。1961年からアメリカNASAで宇宙開発を目的に研究が開始され、1965年の有人宇宙飛行計画で、ジェミニ5号に炭化水素系電解質を用いた固体高分子形燃料電池（PEFC）が開発された。しかし、当時は膜の寿命が短く、実用化には至らなかった。アポロ（Apollo）計画では、アルカリ形燃料電池が搭載された。

また、1968年にアメリカのライリー（Reilly）とウィスワル（Wiswall）がマグネシウムとニッケルとを2：1の割合で混合した合金の水素吸蔵能を報告した。また、同年、オランダのフィリップス社で永久磁石材料であるサマリウム・コバルト合金（$SmCo_5$）の研究中に室温2 MPaの水素中で水素を吸蔵し、圧力を下げると水素を放出することを発見した。それぞれマグネシウム系MH合金、希土類系MH合金として本格的な水素吸蔵合金の研究が開始された。

さらに1974年にはアメリカのReillyとWiswallがチタン・鉄合金

表6-8 燃料電池の種類

	固体高分子形（PEFC）	りん酸形（PAFC）	溶融炭酸塩形（MCFC）	固体酸化物形（SOFC）
電解質	固体高分子膜	りん酸水溶液	炭酸塩	ジルコニアなど
原燃料	天然ガス、LPG、灯油など			
運転温度	70〜90℃	200℃	650〜700℃	700〜1,000℃
発電効率（HHV）	30〜40%	35〜42%	40〜60%	40〜65%
発電規模	数W〜	20 kW〜	数百kW〜	1 kW〜

(TiFe)を発見した。この合金は他の合金と比較して、安価で実用化が期待されたが、最初の水素化が困難であり、その後にチタン・鉄・マンガン系合金が開発された。

同年、わが国でも水素吸蔵合金の研究が開始され、マグネシウム・ニッケル系合金を用いて軽量バッチ形水素輸送容器を開発した。また、水素吸蔵用ミッシュメタル・ニッケル系合金（$MmNi_{4.5}Mn_{0.5}$）を 106 kg 用いて、大型容器用途の水素吸蔵能力 16 Nm^3 の定置用水素貯蔵容器が開発された[14]。

1976年以降、水素吸蔵合金は国内外で目覚しい発展をとげ、続々と新しい合金の開発や商品の実用化がなされてきた。代表的なものとして、ニッケル・水素電池が1990年に実用化されている。それまでの代表的な小型二次電池であったニッケル・カドニウム電池の1.5倍から3.5倍の電気容量を持つこと、材料にカドニウムを用いていないために環境への影響が少ないこと、電圧がニッカド電池と同じ 1.2 V で互換性があることなどの理由により代替が進んだ。

一方、燃料電池についてもアメリカでは、1967年からTARGET計画（1971年～1973年）に始まり、GRI計画（1984年～1986年）、DOE計画（1989年～1990年）へと続き、一般利用に向けて燃料電池（りん酸形（PAFC）、溶融炭酸塩形（MCFC）、PEFC）の開発も進められた。

日本では1981年に石油代替・省エネルギー技術の開発を目的としてムーンライト計画に取り上げられ、PAFC、MCFC、PEFCに加えて固体酸化物形（SOFC）を含む燃料電池の研究が本格化した。その後、1992年からニューサンシャイン計画に、2000年からはミレニアムプロジェクトに引き継がれた。特に、燃料電池開発のエポックとなったのは、1987年に Ballard Power System 社がフッ素系電解質膜を用いたPEFCで、0.4 V で 6 A/cm^2 という高出力を得られたことによる。

21世紀に入り、世界に先駆けてわが国で2009年5月にPEFCを用いた家庭用燃料電池コージェネレーションシステム「エネファーム（ENE-FARM）」の一般販売が開始された[15)16)]。また、同年10月に直接形メタノール電池（DMFC）のモバイル機器向け燃料電池「ディナリオ（Dynario）™」が3,000台限定で販売された[17)18)]。さらに2015年には燃料電池自動車（FCV）が国内での市販に向けて（2008年7月合意[19)]）、それに対するインフラも用意されることも決定し、石油およびガスそして自動車会社一体での取り組み（HySUT）（The Research Association of Hydrogen Supply/Utilization Technology）（水素供給・利用技術研究組合）が行われている。

〔参考文献〕
1) 水素・燃料電池ハンドブック編集委員会編：水素・燃料電池ハンドブック、pp. 629-632、オーム社、(2006)
2) 水素エネルギー協会編：水素エネルギー読本、pp. 26-28、オーム社、(2007)
3) 水素エネルギー協会編：トコトンやさしい水素の本、pp. 20-21、50-51、56、88、124-125、日刊工業新聞社、(2008)
4) W. Nicholson：Nicholson's Journal of Natural Philosophy, Chemistry and the Arts、4：179-187、(1800)
5) W. Nicholson：Annals of Physics、6, 340-359、(1800)
6) A. Paets van Troostwijk, J. Deiman：Journal de Physique、35、369-378、(1789)
7) A. Paets van Troostwijk, J. Deiman：Annals of Physics, 2, 130-141、(1800)
8) G. Pearson：Nicholson's Journal of Natural Philosophy, Chemistry and the Arts、1, 241-248、299-305、349-355 (1797)
9) カレーリン著、小林茂樹訳：化学元素のはなし、pp. 132-138、東京図書、(1987)
10) W. R. Grove：Philosophical Magazine Series 3 (1832-1850)、14 (86-87)、127-130、(1839)

11) C. F. Schoenbein：Philosophical Magazine Series 3（1832-1850）、14（85）、43-45、(1839)
12) 田丸節郎、落合和男：日本化学会誌、56（1）、92-102、(1935)
13) 田丸節郎、鎌田稔：日本化学会誌、56（1）、103-113、(1935)
14) （独）工業所有権情報・研修館：高効率水素吸蔵合金、pp. 3-4、（独）工業所有権情報・研修館、(2005)
15) 渡辺尚生：燃料電池, 9（2）、1、(2009)
16) I. Staffell, R. J. Greenb：International Journal of Hydrogen Energy、34（14）、5617-5628、(2009)
17) 佐藤雄一：燃料電池、9（3）、112-115、(2009)
18) Fuel Cells Bulletin、2009（12）：6、(2009)
19) 燃料電池実用化推進協議会：H20.7.4 プレスリリース、pp. 1、(2008)（http://fccj.jp/pdf/20080704sks1j.pdf）

6.4 物質循環と水素エネルギー

　人類社会も含めて、内部で能動的な活動を行う系の目的は、まずその定常性の維持にあるといってよいであろう。熱力学第2法則に従って、地球上のすべての活動に伴い全体のエントロピーは必ず増大する。人類社会が豊かな活動を維持しながら定常的に存在するということは、人類社会としてある一定のエントロピー値を保つことを意味する。人類社会をひとつの熱力学的な系とみなすと、系内で活動する、すなわちエントロピーを生成するには、まず低エントロピーの物質やエネルギー（資源）を外部から取り入れる必要がある。そして、取り入れた資源を利用して系の内部でさまざまな活動を行うが、それに伴ってエントロピーが生成する。

　全体のエントロピーは決して減少しないので、系内で生成し増大したエントロピーは定常的に外部（環境）へ放出されなければならない。環境もまた、人類社会から排出されたエントロピーをさらに外部に廃棄することによって、定常性を保つ必要がある。これは環境にエントロピーが蓄積されると、その環境の中にある人類社会の定常性も維持されないためである。エネルギーに関しては、地球環境には低エントロピーの太陽光エネルギーが常に供給されており、高エントロピーの廃熱は地球環境にとっての外部である宇宙空間へ輻射熱として廃棄できる。

　一方、物質に関しては、地球環境はほぼ閉じている。したがって、人類社会の立場から、低エントロピーの物質資源を枯渇させず、高エントロピーの廃物を定常的に環境に廃棄するためには、環境が人類社会の廃物を人類社会の資源に戻すメカニズムを持っている必要がある。

　これは物質から熱へのエントロピーの移動で行うことが可能である。

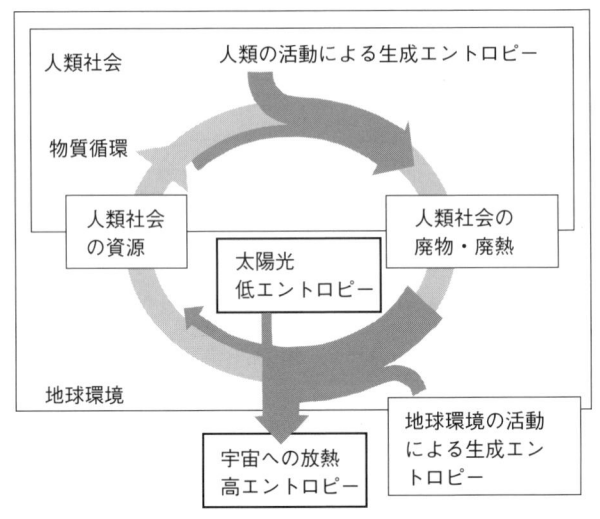

図 6-6　物質循環にもとづいた、人類社会を含めた地球環境のエントロピーの流れ

つまり、廃物の高いエントロピーは、低エントロピーの太陽光を利用することにより熱に変換することができる。その熱は宇宙空間に廃棄でき、結果として物質は循環する。この様子を模式的に**図 6-6** に示した。物質は循環させ、活動に伴って生成したエントロピーはすべて熱の形で宇宙空間に放出する。これが人類社会を含めた理想の定常的な地球環境のあり方である。

　まず人類社会の理想のエネルギーシステムの前提として、再生可能エネルギーを一次エネルギーとして考えよう。再生可能エネルギーのみから二次エネルギーである燃料を製造する場合、エネルギーを取り出した後に発生する廃物の量と製造する燃料の量はバランスする。したがって理論上は、燃料を構成する元素の循環は満たされることになる。再生可能エネルギーは人類がエネルギー源として使用しなくても地表に降り注ぎ、高エントロピーの熱となり宇宙空間に輻射される（**図 6-7（a）**）。

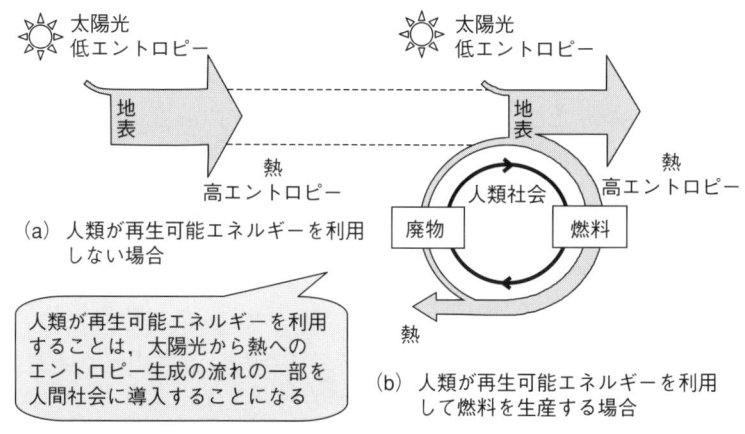

図 6-7　太陽光から熱への変換に伴う全エントロピーの流れの模式図

(a) 人類が再生可能エネルギーを利用しない場合
(b) 人類が再生可能エネルギーを利用して燃料を生産する場合

人類が再生可能エネルギーを利用することは，太陽光から熱へのエントロピー生成の流れの一部を人間社会に導入することになる

　人類が再生可能エネルギーを利用することは、太陽光の低エントロピー性を利用して、人類にとって低エントロピーである燃料を生産するということである。言い換えると太陽光の低エントロピーを物質に転化することである。

　人類はその燃料（低エントロピー物質）を輸送・移動させ、適切な条件を設定することにより、エネルギーを放出する自発的な変化を起こさせ、高エントロピー状態の廃物と廃熱を放出させる。そして、その高エントロピー状態の廃物と廃熱のうち、熱は宇宙空間に放出し、廃物は再生可能エネルギーを利用して再び燃料に変換する（図 6-7 (b)）。その変換に伴って生成するエントロピーも熱の形態で宇宙空間に放出する。

　このプロセスが完結すれば、物質は循環し、人類のエネルギー消費に伴って生成するエントロピーはすべて熱として宇宙空間に廃棄することができる。

　現在の地球がエントロピーを廃棄できる量を求める。地表での活動に伴い必ずエントロピーが生成するので、地球がエントロピーを廃棄でき

る量が、エントロピー生成を伴う地表での活動の許容量を決める。地球のエントロピーの廃棄量は、地球環境へのエントロピーの入力と出力の差できまる。太陽光は $T_H=5{,}780$K、地球大気表面温度は $T_L=250$K であり、大気表面で出入りする熱 Q は 1.24×10^{14} kW であるから、

$$\Delta S = Q\left(\frac{1}{T_L}-\frac{1}{T_H}\right) = 1.24\times10^{14}\left(\frac{1}{250}-\frac{1}{5780}\right)$$

$$= 4.7\times10^{11} \text{ kJ/K}\cdot\text{s} \qquad (6\text{-}4)$$

これが現在の状態の地球環境が廃棄しているエントロピーであり、地球環境で生成しているエントロピーに等しい。実際には、これらの大部分は地表での太陽光から熱への直接変換によって生成しており、人類にとって有効に活用できていない。

人類がエネルギーシステムに利用できる物質循環として、水素循環および炭素循環がある。原理的にはどのような元素でも循環に利用することは可能である。しかし、人類のエネルギー消費量から考えると元素として地表に大量に存在すること、燃料として使用するに当たり人間に対して毒性が少ない物質であるほうがよいことなどから、水素と炭素が候補となる。

人類が再生可能エネルギーのみから燃料を製造できるようになると、本来の地球環境に備わっていた水素循環と炭素循環に、新たに人類活動による増加分が加わることになる。しかし、全エントロピーの量としては新たな環境負荷は生じさせていない。このシステムは本来地球環境に備わっているエントロピー生成の流れを利用して、人類が水素循環と炭素循環という能動的活動を増加させることを意味する。

再生可能エネルギーで一次エネルギーが供給できると、エントロピー的負荷を生じさせずに物質循環量が増大するが、それが人類社会に及ぼす影響は明らかではない。地球全体として量的なエントロピー負荷を生

6.4 物質循環と水素エネルギー

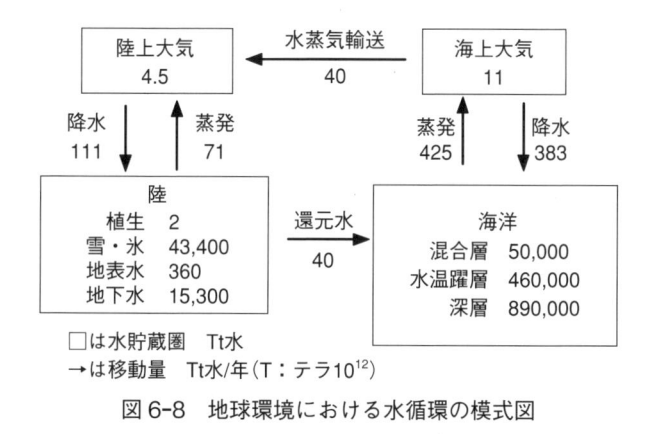

```
       陸上大気  ←水蒸気輸送―  海上大気
        4.5           40          11
      ↓降水 ↑蒸発              ↑蒸発 ↓降水
       111   71                 425    383
   ┌─────────────┐          ┌─────────────┐
   │  陸         │          │   海洋      │
   │ 植生    2   │ ―還元水→ │ 混合層  50,000 │
   │ 雪・氷 43,400│    40    │ 水温躍層 460,000│
   │ 地表水  360 │          │ 深層   890,000│
   │ 地下水 15,300│          └─────────────┘
   └─────────────┘
```
□は水貯蔵圏　Tt水
→は移動量　Tt水/年（T：テラ10^{12}）

図 6-8　地球環境における水循環の模式図

じないことと、物質循環の新たな増加量が人類の生活に影響を及ぼすこととは、全く別である。物質循環の増加が人間社会に及ぼす影響を評価しておくことは重要であると考えられる。

まず現在の循環の様子を見ておこう。水素の酸化物である水はすでに地球環境において、大循環を形成して地球のエントロピー廃棄に重要な役割を果たしている[1]。**図 6-8** に地球上の水の存在量と循環を示す[2,3]。現在の水の蒸発量は年間 496 Tton であり、これは降雨量と等しく、およそ 10 日で大気中を循環している。一方、バイオマスを利用して燃料を製造する場合、炭素循環と水循環の併用になる。**図 6-9** に地球上における現在の炭素循環を示す[4]。

現在の炭素の大気と地表間の移動量は、年間 157 Gton であり、およそ 5 年で大気を循環している。**表 6-9** に炭素と水を比較した。まず炭素に比べて水の存在量は莫大に大きい。重量比で 26,000 倍も異なる。また、大気中の存在量も水の方が重量比で約 21 倍多い。さらに、大気からの年間移動量(移動速度)が水の方がおよそ 3,160 倍も大きく、このことから大気中の平均滞留時間の大きな違いが生じている。

133

第6章　グリーン水素

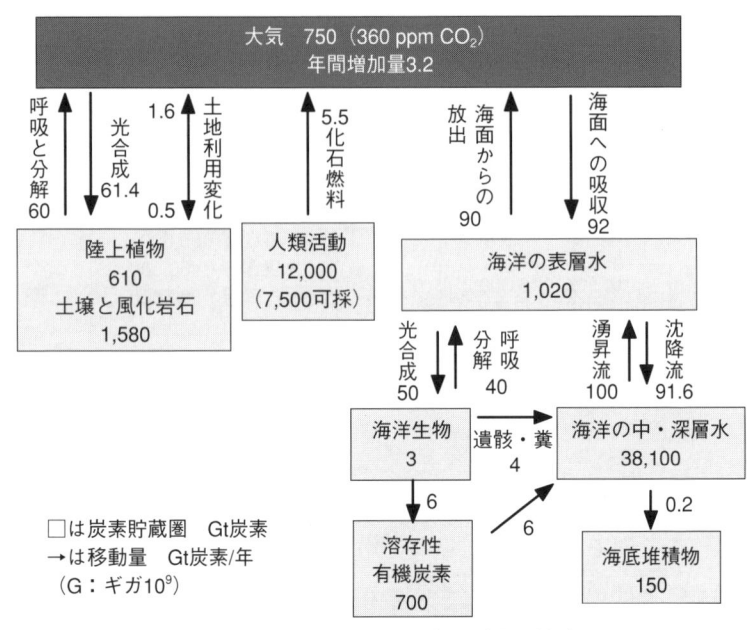

```
                大気　750（360 ppm CO₂）
                     年間増加量3.2
```

呼吸と分解 60　光合成 61.4　1.6　0.5　土地利用変化　5.5 化石燃料　海面からの放出 90　海面への吸収 92

陸上植物 610
土壌と風化岩石 1,580

人類活動 12,000 (7,500可採)

海洋の表層水 1,020

光合成 50　分解 40　呼吸　湧昇流 100　沈降流 91.6

海洋生物 3　遺骸・糞 4　海洋の中・深層水 38,100

溶存性有機炭素 700　6　6　0.2　海底堆積物 150

□は炭素貯蔵圏　Gt炭素
→は移動量　Gt炭素/年
（G：ギガ10^9）

図 6-9　地球環境における炭素循環の模式図

具体的に人類のエネルギー消費に基づく物質循環の増加が炭素および水素循環に与える影響を検討しよう。現在、人類の化石燃料の消費による大気中の炭素量の増加は 5.5 Gton 炭素である。再生可能エネルギー

表 6-9　炭素循環と水循環の比較

	炭素	水
全量	54,000 Gt 炭素	1,400,000 Tt 水
大気中存在量	750 Gt 炭素	15,500 Gt 水
大気からの年間移動量	157 Gt 炭素	496,000 Gt 水
大気中の平均滞期間	5 年	10 日
人類のエネルギー消費と大気中存在量の比	0.7%	0.4%
エネルギー環境負荷係数	0.035	0.0001

を一次エネルギーとした場合も、同量の炭素を利用すると仮定すると、これは大気中に存在する炭素量の0.7%となる。

ここでエネルギー環境負荷係数（Environmental Impact Factor of Energy）を次式で導入する。

$$（エネルギー環境負荷係数）= \frac{人類活動による排出量}{媒体物質の自然循環量} \qquad (6\text{-}5)$$

この定義から、エネルギー媒体環境負荷係数が大きい物質ほど、自然の循環に与える影響が大きいことになる。炭素の環境負荷係数は大気からの年間移動量を自然循環量とすると3.5%となる。水と比較すると炭素の大気からの年間移動量ははるかに小さく、平均滞留期間は長い。これはそれだけ新たに生じる循環の影響を受けやすいといえる。

水循環への影響を求めるために、水素の燃焼熱を141.86 kJ/g 水素とする。人類のエネルギー消費は年間 $6.0 \sim 8.2 \times 10^{17}$ kJ（2000年）であるので、これに基づく水の生成量は 38〜52 Gton となる。これは大気中に存在する水蒸気量に対してはおよそ0.3%と炭素の場合と同レベルである。しかし、水の環境負荷係数は自然循環量を大気からの年間移動量とすると0.01%ときわめて微小な値となる。したがって、地球全体で考えれば、人為的な活動による水循環の増加は、自然の水循環に対してほとんど影響しないと考えられる。

このように、理想的には現在あるいは数年前の太陽エネルギーを元とする再生可能エネルギーを一次エネルギーとして利用し、水から水素と酸素を作り、その水素を二次エネルギーとして利用することが望ましい（グリーン水素）。利用後はまた水あるいは水蒸気となり、物質循環をなす。このように水素エネルギー社会とは水素の物質循環を促進する社会であり、エントロピーの立場から、われわれ人類が追及すべき究極のシステムであるといえる。

〔参考文献〕
1) 白鳥紀一、中山正敏著:環境理解のための熱物理学、197-199,朝倉書店（1995）
2) 安田延壽：基礎大気科学、21、朝倉書店（1994）
3) E. K. Berner and R. A. Berner : Globlal water cycle, Geochemistry and Environment, Prentice-Hall, Inc., Englewood Cliffs, New Jersey（1987）
4) D. S. Schimel : Terrestrial ecosystems and the carbon cycle, Global Change Biology1、77-91（1995）

6.5 水素のいろいろな製造法

現在、世界で水素は年間およそ5,000億Nm^3（Nm^3：0℃、1気圧の条件下でのm^3）製造されているといわれ、その大部分が天然ガス（メタン）やナフサなどの化石資源を原料として生成されている。主な製造プロセスは水蒸気改質法、部分酸化法、およびそれらを組み合わせたオートサーマル法である。日本国内における2010年度の水素の生産量は$495,300 \times 10^3 \ m^3$、工業消費量は$287,751 \times 10^3 \ m^3$である[1]。

水素の主な製造法を図6-10にまとめた。物質不滅の法則より、水素を作るためには、水素を含む化合物を原料にすることが必要である。化石資源である天然ガス、液化天然ガス、ナフサや石炭は炭素に水素が結合した構造を持っているため、水素製造の原料となる。天然ガス、液化

	原料	方法	利用エネルギー	
化石資源利用	天然ガス / LPG / ナフサ	水蒸気改質 / 部分酸化 / オートサーマル	熱エネルギー / 発熱反応に伴う熱エネルギー	化石資源由来水素
	石炭	石炭ガス化	発熱反応に伴う熱エネルギー	
	水	熱化学分解法 / 高温水蒸気電解	核エネルギー	
非化石資源利用	水	電気分解	再生可能エネルギーからの電気エネルギー	グリーン水素
		光分解	太陽光エネルギー	
	バイオマス	バイオマスガス化	太陽光エネルギー	

図6-10 水素の主な製造法

天然ガスやナフサは、水蒸気改質法、部分酸化法、その両者を組み合わせたオートサーマル法を用いて水素が取り出される。資源量が豊富な石炭から水素を取り出す石炭ガス化も重要である。これらはいずれも原料として化石資源を使う水素の製造法である。図中、下線は化石資源を利用していることを示している。

　水素を含む化合物で、地球上に豊富に存在するのはなんといっても水であろう。水素の酸化物である水は、大気に酸素を含む地表雰囲気においては最も安定な状態になっている。したがって、その水から水素を作るためには、安定な状態を変化させなければならないので、何らかのエネルギーを加えることが必要である。

　後述するが、水を水素と酸素に直接分解するには、非常な高温が必要である。それをいくつかの反応に分割して1,000℃付近の熱を利用するのが熱化学分解法である。また、少し電気エネルギーも利用する高温水蒸気電解もある。これはわが国においては核エネルギーを前提として開発が進められていた。核エネルギーも化石資源であるから、これらは化石資源を利用した水素製造法である。化石資源がまだ豊富に利用できるグリーン水素エネルギーシステムの導入期においては、このような水素製造法が有効であろうと思われる。

　再生可能エネルギーを用いて、水から水素を製造するにはいくつかの方法がある。まず、風力発電や太陽光発電によって得られた電気エネルギーを用いて、水を電気分解する方法、いわゆる水電解がある。われわれはこの水電解はグリーン水素エネルギーシステムの中核をなす製造法と位置づけている。そのため、改めて節を設けて解説を行う。太陽光を直接用いて水を分解することもできる。いわゆる、水の光分解である。また、バイオマスの利用もある。次に、個々の方法を見ていこう。

6.5.1 化石資源を利用した水素製造

メタン水蒸気改質法は、次式で表される反応が進行する。

$$CH_4 + H_2O \rightarrow CO + 3H_2 \quad (\Delta H°_{298} = 206.2 \text{ kJ mol}^{-1}) \tag{6-5}$$

$$CO + H_2O \rightarrow CO_2 + H_2 \quad (\Delta H°_{298} = -41.2 \text{ kJ mol}^{-1}) \tag{6-6}$$

$$CH_4 + 2H_2O \rightarrow CO_2 + 4H_2 \quad (\Delta H°_{298} = 162.0 \text{ kJ mol}^{-1}) \tag{6-7}$$

天然ガスの主成分であるメタンを水蒸気と混合し、700〜800℃、3〜25気圧に保つと (6-5) 式にしたがって水素と一酸化炭素が生成する。(6-5) 式が水蒸気改質反応である。この反応は、反応物である CH_4 と H_2O に数が多く強い結合（C−H：416 kJ mol^{-1}、H−O：463 kJ mol^{-1}）が存在するため、反応系のほうが、エネルギー状態が低く（強く結合しているのでそれだけ安定）、反応が進行するためには、エネルギーを供給する必要があるため、吸熱反応になる。大きな吸熱反応なので、室温付近では反応は進まないが（25℃での平衡定数は 1.3×10^{-25}）、高温になると反応が進行するようになる（800℃での平衡定数は150）。

水蒸気改質反応で生成した CO は (6-6) 式にしたがってさらに水蒸気から酸素を奪って（水性ガスシフト反応または CO 変性反応と呼ばれる）、酸素を奪われた水蒸気は水素になるので、水素の濃度が高くなる。結局、この方法で生成した水素は、メタンからのものと水からのものになり、総和として (6-7) 式になる。反応を継続させるために供給する熱エネルギーも、現状では化石資源の燃焼を利用することになる。**図 6-11** にメタン水蒸気改質反応の平衡組成および転化率の反応温度依存性を示す[2]。水素濃度を高くするために、一般的には 700〜800℃ で運転されている。

メタンなどの炭化水素を酸素または空気を用いて、不完全燃焼させて水素を得るのが部分酸化法である。

$$CH_4 + 0.5O_2 \rightarrow CO + 2H_2 \quad (\Delta H°_{298} = -35.9 \text{ kJ mol}^{-1}) \tag{6-8}$$

(a) 圧力：0.1 MPa

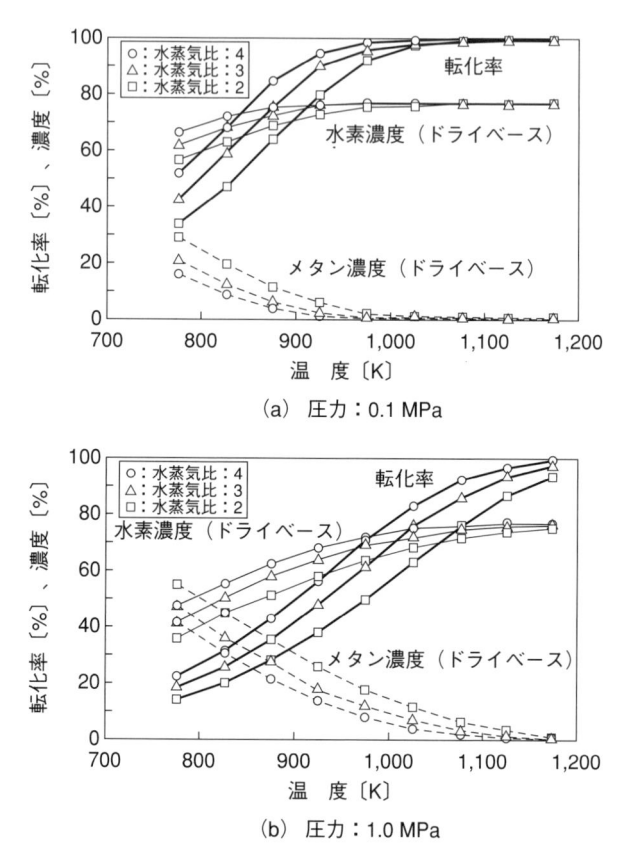

(b) 圧力：1.0 MPa

図6-11 メタン水蒸気改質反応の平衡組成および転化率の反応温度依存性

$$CH_4 + 2O_2 \rightarrow CO_2 + 2H_2O \quad (\Delta H°_{298} = -802.3 \text{ kJ mol}^{-1}) \quad (6\text{-}9)$$

完全に酸化してしまうよりも少ない量の酸素をメタンと混合して (6-8) 式の反応を進行させる。発熱反応であり、室温での平衡定数は 1.5×10^{15} と大きいが、実際には複雑なプロセスで進行し、現実の工業プロセスでは1,300℃以上の高温で行われている。一部、(6-9) 式のように完全酸化が進行する。部分酸化法は発熱反応であるため、外部加熱が

必要なく、起動時間を短くすることができる。

　炭化水素、酸素および水蒸気を混合して前述の部分酸化反応による発熱と、その熱を水蒸気改質反応の吸熱反応に利用して、1つの反応容器の中に2つの反応領域を分離・併存させて水素を製造する反応器をオートサーマルリフォーマーと呼ぶ。

　石炭はほかの燃料に比べて、世界において埋蔵量が豊富で価格が安定しているので、その利用が見直されている。その石炭からも水素は製造できる。石炭を熱すると、まず石炭の熱分解反応が起こり、メタンや低級炭化水素ガスなどの熱分解ガスと固体の石炭チャーとが生成する。続いて石炭チャーにガス化剤である酸素や水蒸気、二酸化炭素および水素などが反応して、水素や一酸化炭素を主成分とする燃料ガスが得られる。

6.5.2　水からの水素製造

　これまで述べてきたように、化石資源を原料として水素を作ることは、二酸化炭素を排出し、化石原料の枯渇とともに水素製造も困難となる。それに対して、地球上に莫大に存在する水を原料として、水素を製造することもできる。そのために、まず水から水素を生成する分解反応に必要なエネルギーについて考えよう（**図6-12**）。これは水素と酸素が反応して水が生成する反応とちょうど逆である。

$$H_2O(l) = H_2(g) + 1/2 O_2(g) \tag{6-10}$$

　水が分解して水素と酸素を発生するためには、外部から $\Delta G°$ に相当する 237 kJ の電気エネルギーや光エネルギーを加えなければならない。電気エネルギーの場合、ネルンストの式 $\Delta G° = -FE°$ より、標準分解電圧は 1.23 V となる。

　このとき全エネルギー $\Delta H°$ は、電気エネルギーによる 237 kJ と可逆

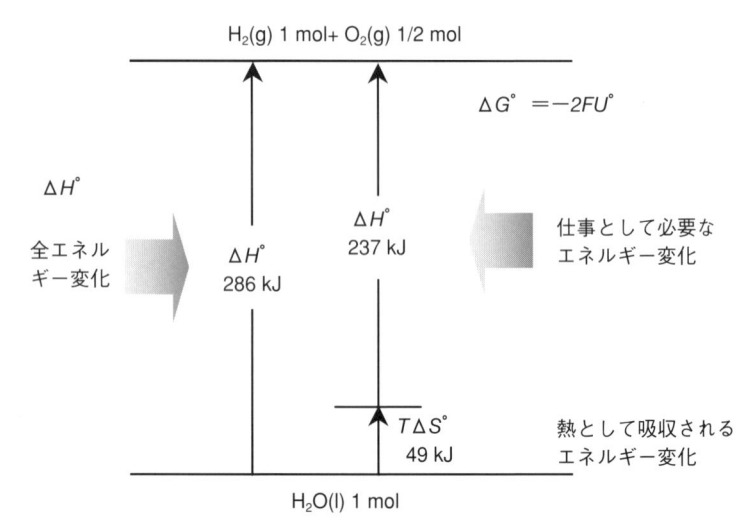

```
                  H₂(g) 1 mol + O₂(g) 1/2 mol
                  ↑              ↑
                                      ΔG° = −2FU°
        ΔH°
                         ΔH°
                         237 kJ           仕事として必要な
     全エネル      ΔH°                      エネルギー変化
     ギー変化     286 kJ

                         ↑
                        TΔS°              熱として吸収される
                        49 kJ              エネルギー変化

                  H₂O(l) 1 mol
```

図 6-12　水分子 1 mol 当たりの分解エネルギー：水分解反応に伴う
　　　　エンタルピー変化、ギブズエネルギー変化、エントロピー
　　　　変化の関係（数値は 25℃の標準状態）

的に吸熱する 49 kJ の和、286 kJ の増加となる。電気エネルギーや光エネルギーを加えないときは、(6-10) 式は $\Delta H° = 286$ kJ mol^{-1} の吸熱反応となる吸熱反応であるから、高温にすれば $\Delta G°$ が 0 となることがある。**図 6-13** に水（水蒸気）の分解反応の $\Delta G°$ の温度依存性を示す。

　反応が進行する目安を $\Delta G°$ の符号とすると、およそ 4,000℃で外部から電気エネルギーや光エネルギーを加えなくても、水蒸気は分解することになる。しかし、4,000℃は超高温であり、そもそもその温度が困難であること、材料選択や分解ガスの分離などがきわめて困難で、非現実的な方法である。そのため電気エネルギーを与える水の電気分解法、複数の熱化学反応を組み合わせて 1,000℃以下の熱を利用して水を分解する熱化学分解法、太陽光のエネルギーを用いる光分解法がある。

　再生可能エネルギーである風力発電や太陽光発電の電気エネルギーを

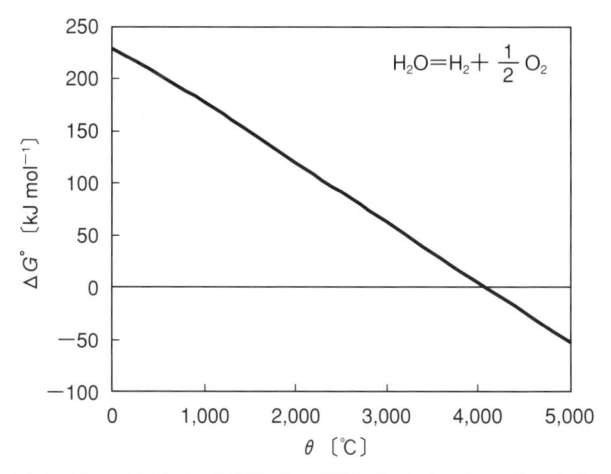

図6-13 水蒸気の分解反応の標準ギブズエネルギー変化の温度依存性

使って、水の電気分解で水素を製造する水電解は、グリーン水素にとってきわめて重要である。そのため、水電解については節を改めて詳細に解説を試みたい。本節では、水の熱化学分解法と光分解について概説する。

6.5.3 水の熱化学分解法

水を直接分解するには4,000℃以上の高温が必要である。なんとか工夫をして1,000℃以下の熱を用いて水を分解できないだろうか。ここではその基本となる考え方を解説しよう。水の熱分解の標準ギブズエネルギー変化は、**図6-13**のように高温まで大きな正の値をとる。たとえば1,000 Kで（6-10）式の$\Delta G°$は+193 kJであり、熱に相当する$T\Delta S°$は55 kJである。このことは、1,000 Kにおいて（6-10）式を進行させるためには、外部から193 kJの仕事をして、55 kJの熱を吸う必要があることを意味している。多段熱分解法は、その必要な193 kJを、たとえ

ば1,000Kと低温の400Kの間の熱の移動で賄おうという発想である。言い換えれば、化学物質を利用した熱機関を作り、それで仕事を供給することになる。そのため必ず低温部に熱を捨てることが必要となる。具体的には（6-10）式をいくつかの反応で分担させることが基本の考え方になる。いま（6-10）式が（6-11）と（6-12）式に分けられる物質系があったとしよう。

$H_2O + X = H_2 + XO$　①吸熱反応　　　　　　　　　　　(6-11)

$XO = X + 0.5O_2$　②発熱反応　　　　　　　　　　　　(6-12)

ここで$\Delta G°_{H_2O}(T)$、$\Delta G°_①(T)$および$\Delta G°_②(T)$はそれぞれ（6-10）、（6-11）および（6-12）式の反応に対応する温度T〔K〕での標準ギブズエネルギー変化であるとすると、ギブズエネルギーは状態量であるから、

$$\Delta G°_{H_2O}(T) = \Delta G°_①(T) + \Delta G°_②(T) \qquad (6\text{-}13)$$

が成り立つ。**図6-14**にこの関係を図示した。図中破線が水の直接分解を示している。①と②の反応がこのように表される場合は、①はT_H以上の温度で、②はT_L以下の温度で標準ギブズエネルギーが負となり、進行しやすくなる。まず①をT_H以上の温度に保って進行させる。このとき、吸熱する。次にT_L以下の温度に保ち、②を進行させる。このとき発熱し、物質は元に戻る。この発熱は環境に捨てられる。

結局、物質は元に戻ったが、熱は高温部から低温部に移動することになる。水の直接分解の$\Delta G°$は大きな正なので、T_Hの上限を1,000℃程度に制限すると、通常は少なくとも4段程度の反応を組み合わさないと、比較的低温での分解は困難である。実際に提案されている系として、IS（Iodine-Sulfur）プロセスは3段、日本のUT-3（University Tokyo）プロセスは4段となっている。**表6-10**にこの2つの熱化学水素製造プロセスを示した。

$H_2O + X = H_2 + XO$ ① $\Delta G°_①(T)$

$XO = X + \dfrac{1}{2}O_2$ ② $\Delta G°_②(T)$

─────────────────────────

$H_2O = H_2 + \dfrac{1}{2}O_2$ $\Delta G°_{H_2O}(T)$

$\Delta G°_{H_2O}(T) = \Delta G°_①(T) + \Delta G°_②(T)$

図 6-14　熱化学分解法の原理

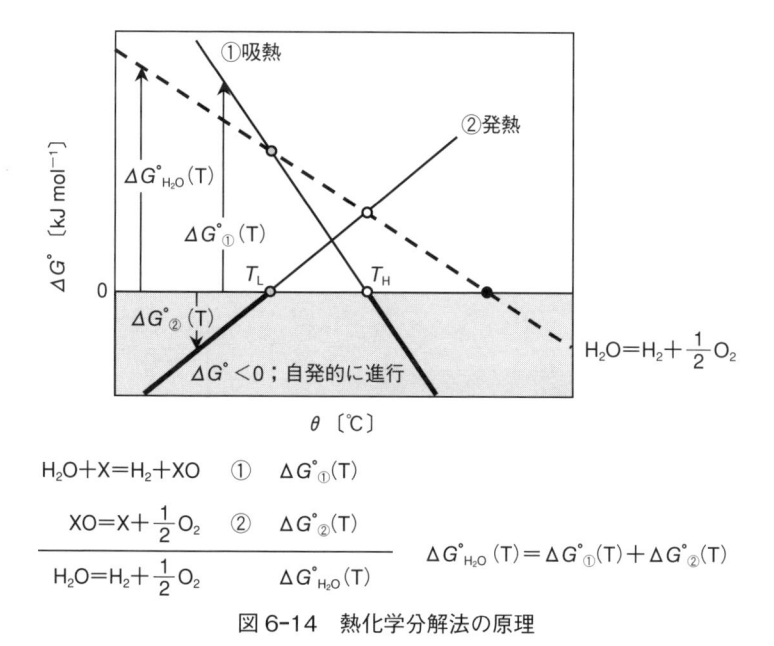

表 6-10　熱化学分解法による水素製造プロセス

UT-3 プロセス	
$CaBr_2 + H_2O \rightarrow CaO + 2HBr$	$(750℃)\Delta H° = 217 \text{ kJ mol}^{-1}$
$CaO + 2HBr \rightarrow CaBr_2 + \dfrac{1}{2}O_2$	$(550℃)\Delta H° = -78 \text{ kJ mol}^{-1}$
$Fe_3O_4 + 8HBr \rightarrow 3FeBr_2 + 4H_2O + Br_2$	$(250℃)\Delta H° = 276 \text{ kJ mol}^{-1}$
$3FeBr_2 + 4H_2O \rightarrow Fe_3O_4 + 8HBr + H_2$	$(660℃)\Delta H° = 379 \text{ kJ mol}^{-1}$
IS プロセス	
$I_2 + SO_2 + 2H_2O \rightarrow 2HI + H_2SO_4$	$(40℃)\Delta H° = 107 \text{ kJ mol}^{-1}$
$2HI \rightarrow H_2 + I_2$	$(600℃)\Delta H° = 13 \text{ kJ mol}^{-1}$
$H_2SO_4 \rightarrow SO_2 + \dfrac{1}{2}O_2 + H_2O$	$(800℃)\Delta H° = 186 \text{ kJ mol}^{-1}$

6.5.4　水の光分解

　水の光分解は、日本人によって発見された。1972 年、本多・藤島は

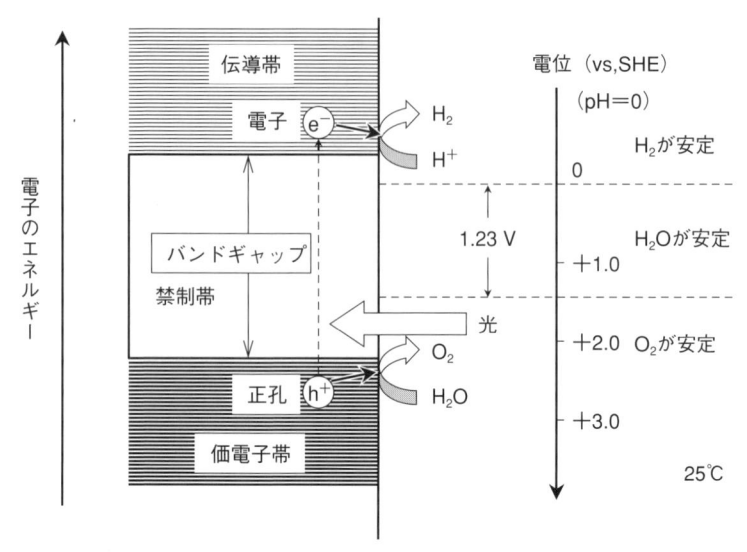

図 6-15　半導体光触媒による水分解の原理

酸化チタン（TiO_2）と白金を、両者の間に電圧をかけた状態で接続し、それを電解質に浸漬し、酸化チタン電極に紫外線を照射したところ、酸化チタン表面から酸素が、白金表面から水素が発生することを見出した。電圧が 0.5 V 程度かかっていたが、水の理論分解電圧は 25℃ で 1.23 V であるにも関わらず、それよりはるかに低い電圧で水が分解された。そのとき酸化チタンそのものは全く分解しなかった。この現象は本多・藤島効果と呼ばれている。その後、半導体粉末の表面に白金を微粒子として析出させた白金担持酸化チタン粉末で水蒸気を用いたり、層状構造を持つ酸化ニオブに酸化ニッケルを担持させ、酸化ニッケル上で水素を、酸化ニオブ上で酸素を発生させる工夫により、水が完全分解することが明らかとなった。

図 6-15 に半導体光触媒による水分解の原理を示す。まず標準水素電極（Standard Hydrogen Electrode：SHE）という基準の電極に対する

電位が表示してある。水溶液の pH は 0、温度 25℃ のときの値である。この溶液では、SHE を基準として 0～1.23 V の範囲で、水が平衡論的に安定に存在する。そして、0 V 以下では（図では上）水素が安定、1.23 V 以上（図では下）では酸素が安定に存在する。すなわち、0 V 以下で水は分解されて水素を発生し、1.23 V 以上で酸素を発生する。これが分解される水の側の状態である。

一方、半導体はその名のとおり電気をよく通す導電体と通さない絶縁体の中間の電気を通す性質を持つ物質である。第 3 章で述べたが、その電子状態は、図に示すように電子のエネルギー準位の低いところに価電子帯という電子がいっぱい詰まったエネルギーバンドがあり、その少し上に電子が入ることができるがまだ詰まっていない伝導帯がある。その価電子帯と伝導帯の間をバンドギャップ（禁制帯）と呼ぶ。バンドギャップのエネルギーの位置には、電子が存在できる状態がない。この半導体を水溶液の中に浸漬する。それが図 6-15 で表されている状態である。価電子帯と伝導帯が、水の安定な電位域とどのような関係になるのかは、半導体の電子状態、すなわちバンド構造で一意的に決まる。

種々の半導体のバンドギャップの位置を**図 6-16** に示した[3]。図 6-15 に戻ろう。この状態の半導体に光を当てたとしよう。光はその波長により定まるエネルギーを持っている。そして、光は電子と相互作用して、電子が光からエネルギーをもらってそのエネルギー状態を励起されることがある。図はちょうど価電子帯にあった電子が光によって励起され、伝導帯に上がった状態を描いている。

価電子帯の電子がなくなったところを正孔（ホール）と呼ぶ。伝導帯にあがった電子のエネルギーは水の安定域を越えて、水素が安定な領域まで到達している。したがって、この状態の電子はプロトンを還元して水素を発生させることができる。一方、電子を失って価電子帯にできた

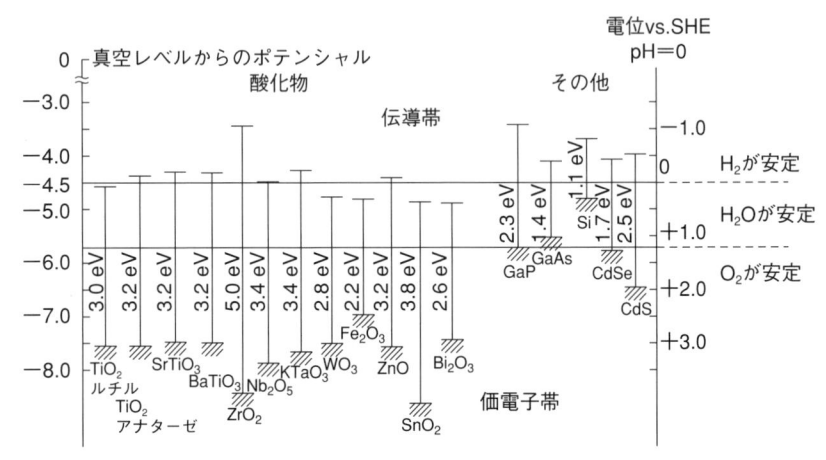

図6-16 種々の半導体のバンドギャップの位置

正孔であるが、そのエネルギーは酸素の安定域に存在している。もともと電子が存在していて、そのエネルギー準位は低いので、水分子から電子を奪って（水分子を酸化して）酸素を発生させることになる。

　このように、光触媒として働くためには、半導体材料の価電子帯と伝導帯が、水の安定な電位域をまたぐ状態になっていることが必要であることがわかる。ただし、バンドギャップを飛び越えるために必要なエネルギーを光で供給する場合、バンドギャップが広くなればなるほど高いエネルギーが必要となり、波長の短い光が必要となる。光のエネルギー E_p 〔eV〕は、光の波長を λ 〔nm〕とすれば

$$E_p = 1240/\lambda \tag{6-14}$$

となる。水の理論分解電圧 1.23 V は、電子のエネルギーでいえば 1.23 eV であるので、およそ 1,000 nm 以下の波長を持つ光が必要となる。理論的には 380〜780 nm の波長を持つ可視光は十分に水を分解できるエネルギーを持つはずであるが、実際にはエネルギー障壁があり一般には 400 nm 以下の波長の紫外光などエネルギーの大きな短波長の光が必要

である。

しかし、紫外光は太陽光エネルギーのわずか3～4％程度であり、効率を上げるためには地表入射太陽光エネルギーのおよそ40～50％を占める可視光を利用できる光触媒の開発が必要である。現在、そのような光触媒の開発が活発に行われている。

6.5.5 バイオマスからの水素製造

バイオマスからの水素製造には、化石資源のときと同じような熱化学的ガス法や含水率の高いバイオマスに適用する生物学的水素製造法がある。

含水量の少ない乾燥系バイオマスの場合には熱化学的ガス化法により水素を製造できる。バイオマスは石炭と比べて酸素と水素の含有量が高く、分子構造が小さい変わりに、灰の含有量が少ない。バイオマスを加熱すると、450℃程度で揮発分が分解、蒸発し、メタンをはじめとする炭化水素ガス、タール（乾留液）や水が発生する。

温度が上がると一酸化炭素や二酸化炭素、700℃付近では水素が多く発生する。バイオマスは揮発分が多く70％以上に及ぶ。熱分解だけでは、もとの原料に含まれる水素以上の水素を取り出すことは当然できない。そこで、水素製造を目的とする場合には、水蒸気と反応させ水蒸気に含まれる水素も取り出すようにする。実際にバイオマスをガス化すると、タールの生成が多く、低温になるとタールが装置内で沈着しトラブルを起こしやすい。そこで、タールトラブルが生じにくい流動床が採用されることが多い。流動床ガス化炉の概念図を**図6-17**に示す[4]。流動床では砂やアルミナなど熱を伝える流動粒子を炉内に入れており、ガス化剤（酸素や水蒸気）によって粒子とバイオマスを浮遊流動させる。バイオマスは炉の下部で供給され、高温の流動粒子と接触しながら気化燃

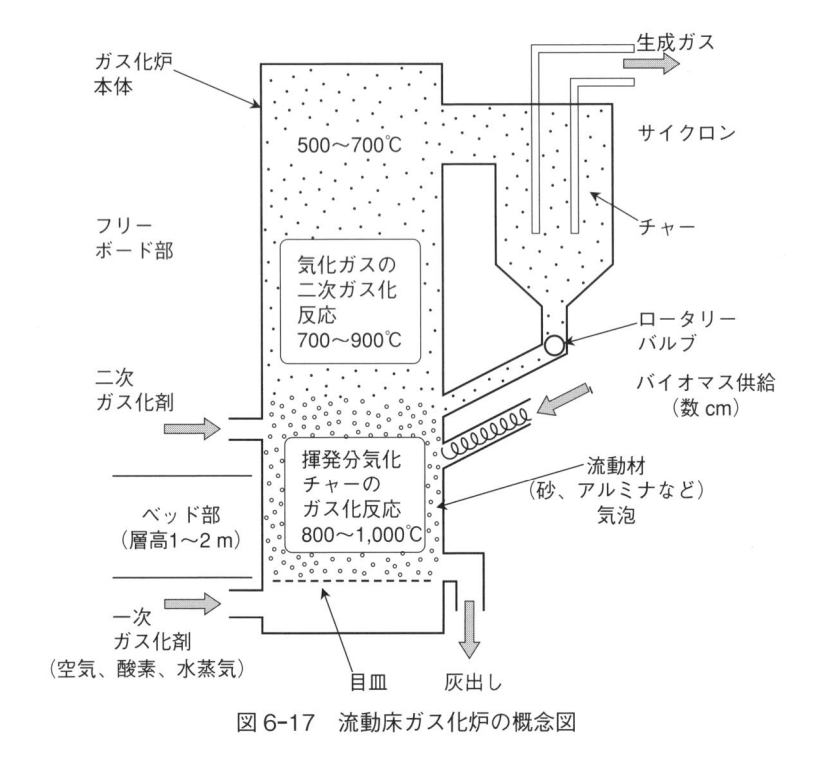

図6-17 流動床ガス化炉の概念図

焼するので、炉内温度を高温に保つことができ、タール成分も燃焼気化できるため沈着が起こりにくい。

　一方、生ごみや下水汚泥など水分を多く含むバイオマスには、メタン発酵によるバイオガス製造が有効である。生成メタンから水素が製造できるが、発酵に数週間程度の時間がかかることが問題であった。現在では高速発酵の技術も開発されている。その他に、微生物による水素発酵法、光合成に伴う水素発生などが研究されている。

〔参考文献〕

1) 平成 22 年化学工業統計年報
   (http://www.meti.go.jp/statistics/tyo/seidou/result/ichiran/02_kagaku.html)
2) 水素・燃料電池ハンドブック編集委員会編：水素・燃料電池ハンドブック，p. 670，オーム社（2006）.
3) 現代化学への入門 14 表面科学・触媒科学への展開，p. 166，岩波書店（2003）.
4) 水素エネルギー協会編：水素エネルギー読本，p. 64，オーム社（2006）.

6.6 大規模エネルギー貯蔵にむけた水電解技術

風力発電や太陽光発電のような時間的な変動があり、エネルギー密度が低い再生可能エネルギーを社会基盤となる規模で利用するためには、都市部と離れた地域で発電した電力を都市部の需要にあわせて供給する大規模なエネルギー貯蔵・輸送技術が欠かせない。

揚水発電やフライホイールのようなポテンシャルエネルギーや運動エネルギーとして貯蔵する方法もあるが、高いエネルギー密度でエネルギーを貯蔵、さらに輸送するためには電力を化学エネルギー変換する必要がある。二次電池による電力の貯蔵も電極反応により、電力を化学エネルギーに変換する方法のひとつである。**表 6-11** に水素、水素のキャリアとなる化学物質としてのシクロヘキサン―ベンゼン系などの有機ハイドライド、アンモニアおよび水素吸蔵合金である $LaNi_5H_6$ および

表6-11　エネルギー密度の比較（HHV）[1)2)]

方　法	重量エネルギー密度 [Wh kg^{-1}]	容量エネルギー密度 [Wh L^{-1}]
圧縮水素（35 MPa）	39,700	1,140
液化水素	39,700	2,810
シクロヘキサン－ベンゼン系	2,850	2,180
メチルシクロヘキサン－トルエン系	2,450	1,910
デカリン－ナフタレン系	2,890	2,580
アンモニア	7,030	4,720
$LaNi_5H_6$	560	3,910
MgH_2	3,020	4,380
リチウムイオン電池	100-250	250-360
鉛蓄電池	30-40	60-70
ガソリン（燃焼）	12,800	9,600

MgH_2、代表的な蓄電池としてのリチウムイオン電池および鉛蓄電池の重量エネルギー密度と容量エネルギー密度を示す[1)2)]。代表的な燃料としてのガソリンの値も比較のために示す。

水素は、ガソリンと比較して重量エネルギー密度は高いものの、圧縮したり、液化したりしてもそれほど容量エネルギー密度は高くならない。しかしながら、アンモニア、有機ハイドライド、水素吸蔵合金などの水素キャリアを利用すると容量エネルギー密度も高くなり、リチウムイオン電池や鉛蓄電池などの二次電池に比べて1桁近く高い重量および容量エネルギー密度が得られる。したがって、再生可能エネルギーから水素が得られれば比較的高いエネルギー密度での貯蔵や輸送が可能となる。

水電解は電気エネルギーにより水を分解して化学エネルギーである水素を製造するプロセスである。水素製造法としての水電解は、分離操作が無く、可動部が少なく、小型から大型まで設備容量に応じた仕様変更が容易な方法である。主に20世紀前半は電力の用途が主に電灯であったこともあり、水力発電の余剰電力により水素を製造し、アンモニア合成、窒素肥料の製造などの化学工業を支えてきた。

20世紀中盤以降、中東の原油が大量に生産され、低価格の一次エネルギーや化学品原料として普及するとともにエアコンや通信などさまざまな分野で電力需要も高まったため、大規模な水素製造も天然ガスやナフサなどの化石燃料からの熱化学プロセスが主になっている。しかしながら、風力や太陽光による電力をエネルギー基盤とするためには、水素製造を行う技術として水電解を見直す必要がある。ここでは、水電解技術の原理と効率並びに現状と課題について俯瞰する。

6.6.1　水電解の効率と現状技術

水電解の反応は、外部からエネルギーを加えて水から水素と酸素を製造する、次の吸熱反応である。

$$H_2O(l) \rightarrow H_2(g) + 1/2O_2(g) \qquad (6\text{-}15)$$

標準条件（25℃、1 atm）では反応のエンタルピー変化：$\Delta_r H = 286$ kJ mol^{-1}のエネルギーを加える必要がある。電圧換算では$U^o=1.48$ Vであり、これを熱的平衡電圧と呼ぶ。このうち、反応のギブズエネルギー変化：$\Delta_r G = 237$ kJ mol^{-1}は電力が必要である。これが水の理論分解電圧：$U^o=1.23$ Vに相当する。反応エンタルピー変化とギブズエネルギー変化の差：$\Delta_r H - \Delta_r G = 49$ kJ mol^{-1}分のエネルギーは周囲からの熱などの電力以外のエネルギーでよい。**図6-18**に水（液体）および気体（水蒸気）の分解のエンタルピー変化およびギブズエネルギー変化に相当する電圧の温度依存性を示す。図中の0、100、および374℃はそれぞれ融点、沸点、および臨界点である。

温度が高くなると水の理論分解電圧が小さくなること、理論分解電圧と熱的平衡電圧の差が大きくなることがわかる。したがって、温度が高くなると必要な電気エネルギーの割合が低くなることを示す。

高温の水蒸気電解技術が注目されるのは温度が高くなることによって電極反応速度が速くなって効率が向上するほかに、平衡論的にも所要電力が小さくなるためである[3]。

水電解による水素製造にはファラデーの法則から1モル当たり53.602 A・hの電気量が必要である。必要なエネルギー率：P_{th}はエンタルピー基準の熱的平衡電圧との積で3.54 kW・h Nm^{-3}-H$_2$となる。電解槽に入力するエネルギー率をP_{in}、電気量をQ_{load}、電解槽の電圧をU_{load}とすると、電解槽のエネルギー効率θは次式となる。

$$\theta = 3.54 \text{ [kW·h]}/P_{in}$$

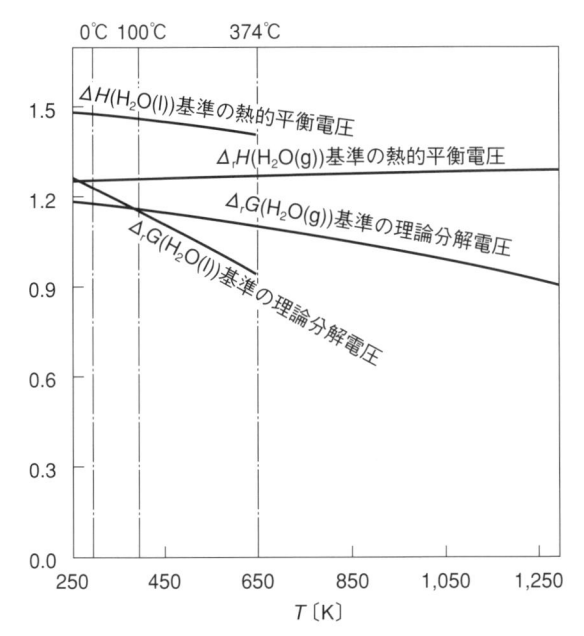

6.6 大規模エネルギー貯蔵にむけた水電解技術

図 6-18 水電解の理論分解電圧および熱的平衡電圧の温度依存性（熱力学データは Outokumpu HSC Chemistry®）

$$= (2.393 \,[\text{kA}\cdot\text{h}]/Q_{load})\,(1.481\,[\text{V}])/U_{load} \qquad (6\text{-}16)$$

ここで、(6-16) 式の第1項目は加えた電流のうち水素生成反応に有効に使われた電流の割合、第2項目は加えた電圧と理論的な電圧の比であり、それぞれ電流効率：θ_F および電圧効率：θ_V と呼ぶ。効率を高めるには電流を有効に使用して電流効率を高くするとともに、電解槽の電圧をなるべく小さくして電圧効率を高くすることが必要である。

図 6-19 にアルカリ水電解および固体高分子形水電解の電極反応と電極、電解質の概略図を示す。アルカリ水電解では多孔質材料を隔膜とし、電極と隔膜の間にギャップがある構造の方が一般的のようである。アノードでは水酸化物イオンから酸素と水が生成する反応、カソードで

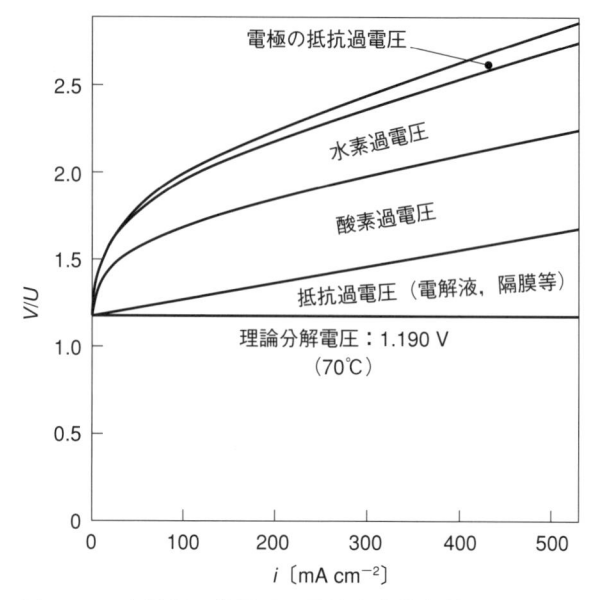

図6-19 水電解の槽電圧の電流密度依存性とその過電圧の内訳 (R. L. LeRoy, J. Electrochem. Soc., 126, 1676 (1979).)

は水が水素と水酸化物イオンになる反応である。

これに対して固体高分子形水電解では固体高分子形燃料電池と同様、電解質膜 - 電極接合体（MEA）となっており、電解質と電極間にはギャップは存在せず、電極間の距離が非常に近い。このため電極間のイオン抵抗が小さく高い電流密度で運転できること、供給するのは純水でよいことなどの利点がある。安定に運転するためには発生する酸素および水素が MEA 内に滞留せず、背面に抜けることが必要である。

水電解の効率は電極反応を進行させるための駆動力および電解質の抵抗による損失によって決まる。図6-20 に水電解の槽電圧の電流密度依存性とその過電圧の内訳を示す。電流密度が低い領域では主に酸素過電圧および水素過電圧が過電圧の大部分であり、電流密度が大きくなると

6.6 大規模エネルギー貯蔵にむけた水電解技術

(a) アルカリ

隔膜
アノード／カソード
$2OH^- \rightarrow 1/2O_2 \uparrow + H_2O + 2e^-$
$2H_2O + 2e^- \rightarrow H_2 \uparrow + 2OH^-$
OH^-

(b) 固体高分子形

電解質膜
アノード／カソード
$H_2O \rightarrow 1/2O_2 \uparrow + 2H^+ + 2e^-$
$2H^+ + 2e^- \rightarrow H_2 \uparrow$
H^+

図6-20 アルカリ水電解と固体高分子形水電解

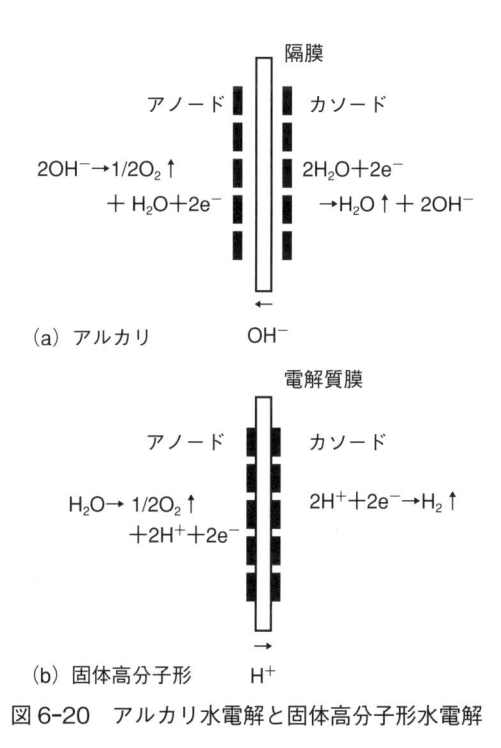

抵抗過電圧の割合が高くなることがわかる。電解槽電圧を数式で表すと以下のようになる。

$$U = U^\circ + iR_S + \eta_a(i) + \eta_c(i) + \eta_e(i) \tag{6-17}$$

ここで、U、U°、i、R_S、$\eta_a(i)$、$\eta_c(i)$、および$\eta_e(i)$はそれぞれ電解槽電圧、理論分解電圧、電流密度、電解質のイオン抵抗、酸素発生反応を進行させるための駆動力である酸素過電圧、水素発生反応を進行させるための駆動力である水素過電圧、および電極の抵抗過電圧である。電解質の抵抗R_Sは電極間に水素や酸素の気泡が発生すると大きくなる。(6-17)式を用いて電圧効率：θ_Vを表すと

$$\theta_V = U^\circ / (U^\circ + iR_S + \eta_a(i) + \eta_c(i) + \eta_e(i)) \tag{6-18}$$

となる。θ_V を大きくするためには電解質のイオン抵抗、酸素過電圧、並びに水素過電圧を小さくしなければならないことがわかる。電流効率：θ_F はアノード、カソード間の電子的な短絡電流、発生した水素、あるいは酸素が電解質を透過して水電解の逆反応

$$H_2(g) + 1/2O_2(g) \rightarrow H_2O(l) \tag{6-19}$$

により消費する化学的な短絡により低下する。隔膜を隔ててアノード側の酸素分圧は運転圧力、カソード側の酸素分圧はほぼ0、カソード側の水素分圧は運転圧力、アノード側の水素分圧はほぼ0であるので、隔膜を隔てての酸素分圧あるいは水素分圧の濃度勾配は運転圧力に比例する。したがって、化学的な短絡は運転圧力とともに大きくなる。よって、水電解で製造した水素を充填するための圧力を得るために電解槽の運転圧力を高めるか、圧縮機を使用するかは化学的な短絡による電流効率の低下と圧縮機の動力の大小関係を評価することとなる。

表 6-12 に水電解槽の電極、電解質、および隔膜材料を示す[4]～[18]。アルカリ水電解は200℃近くの温度まで検討されているが、商用電解槽は70～90℃程度であり、20～30% KOH 水溶液を電解質とする。温度および電解質濃度を高くすると、電極反応速度やイオン伝導度が向上して電解槽としての性能も向上するが、電解質の腐食性も大きくなるため材料の制約も大きくなる。セパレータ材料には安価で耐久性に優れているアスベストが使用されていたが、人体への有害性の問題から代替材料の検討がすすめられている。アノード材料には主にニッケル系材料が使われているが、導電性酸化物も良好な触媒活性をもつことが報告されている。カソード材料には鉄系材料、あるいはニッケル系材料が使用される。図 6-19 に示したアルカリ水電解の過電圧の内訳が示すようにアルカリ水電解では酸素過電圧だけでは無く、水素過電圧も比較的大きいため、高性能化のためにはアノード、カソードともに触媒能の向上が必要

表6-12 各種の水電解槽の運転温度、電極、電解質、およびセパレータ材料[4]~[18]

アルカリ水電解（40～200℃）
電解質：20-30%　KOH
セパレータ：アスベスト、高分子補強アスベスト、PTFE結着チタン酸カリウム、PTFE結着ジルコニア、ポリスルホン結着ポリアンチモン酸／酸化アンチモン、焼結ニッケル、セラミクス／酸化ニッケル被覆ニッケル、ポリスルホン
アノード：ニッケル、ニッケル系合金、鉄、ニッケル被覆鉄、イオンプレートニッケル（Ag+、Li+、He+、Kr+）、ニッケルコバルト酸化物、酸化コバルト、ランタンドープ酸化コバルト、ランタンストロンチウムコバルト酸化物、亜鉛コバルト酸化物、貴金属酸化物
カソード：鉄、鉄-希土類、鉄-ニッケル合金、ニッケル
固体高分子形水電解（60～100℃）
電解質／セパレータ：パーフルオロエチレンスルホン酸系カチオン交換膜
アノード：酸化イリジウム被覆チタン、イリジウムルテニウムコバルト酸化物、イリジウムルテニウムスズ酸化物、イリジウムルテニウム鉄酸化物、イリジウムルテニウムニッケル酸化物、イリジウムスズ酸化物、イリジウムジルコニウム酸化物、ルテニウムチタン酸化物、ルテニウムジルコニウム酸化物、ルテニウムタンタル酸化物、ルテニウムチタンセリウム酸化物
カソード：白金被覆チタン、白金担持カーボン、パラジウム担持カーボン、コバルトグリオキシム、ニッケルグリオキシム
高温水電解（700～1000℃）
電解質／セパレータ：イットリウム安定化ジルコニア（YSZ）
アノード：ストロンチウムド-プランタンマンガン酸化物
カソード：ニッケル／YSZ複合体

である。

　固体高分子形水電解では電解質膜には主にパーフルオロエチレンスルホン酸系カチオン膜が使用されており、運転温度は60～100℃程度である。電解質にはプロトン型のカチオン交換膜を使用するため強酸性であるため、耐酸性に優れた材料でなければならない。アノード電極触媒

には酸化イリジウム系材料が耐久性、触媒活性ともに優れているが、電圧損失の大半がアノードの酸素過電圧である。カソード材料には主に白金系材料が使用される。

高温水蒸気水電解では固体酸化物形燃料電池とほぼ同じ材料が検討されている。電解質には酸化物イオン伝導体であるイットリウムで安定化した酸化ジルコニウム（YSZ）、アノードにはランタンストロンチウムマンガン酸化物などの導電性酸化物、カソードにはニッケルとYSZの複合体であるニッケルサーメットなどが用いられる。

次に商用あるいは商用に近い水電解槽の規模と効率を**表6-13**に示す[19]～[22]。Bamagシステムに代表される常圧のアルカリ水電解のうち、効率の高いものの電力原単位は約 $4.0\ kW\cdot hm^{-3}$-H_2 程度、Lurgiシステムに代表される加圧型では $4.5\ kW\cdot hm^{-3}$-H_2 程度とやや大きい。Proton energy system社や神鋼環境ソリューション社の商用機の固体高分子形水電解システムの電力原単位は $4.5\ kW\cdot hm^{-3}$-H_2 程度と加圧のアルカリ水電解とほぼ同じである。固体高分子形の方が電解質膜の抵抗が小さく、同じ電流密度では分極が少ないと考えられるが、出力密度を優先して定格値の電流密度が高いため、電力原単位はそれほど高くないと考えられる。一方、WE-NET高松ステーションや本田技術研究所で試作されている固体高分子形水電解システムでは常圧の電解システムとしては電力原単位が $3.8\ kW\cdot hm^{-3}$-H_2 前後と非常に小さいく高効率である。しかし、水素ステーション用に加圧するための圧縮機の動力が非常に大きく、システム全体では $5\ kW\cdot hm^{-3}$-H_2 以上となっている。

以上、アルカリ水電解は低コスト材料が使用可能であり、比較的高効率での水素製造が可能であるが、日本には現在商用ベースで販売しているメーカーはほとんどない。現状の固体高分子形水電解はアルカリ水電解より高い効率での水素製造が可能であるが、白金族系の材料など材料

表6-13 各種水電解槽の規模ならびに効率

企業名等（国）	電解質	槽の製造能力 Nm^3h^{-1}	圧力 atm	ガス純度 (H_2)%	電力原単位 $kW·h Nm^{-3}$	エネルギー変換効率（HHV基準）%	備考
Industrie Haute Technologie（スイス）[17]	アルカリ	110-760	31	99.8-99.9	4.3-4.6	76.4-81.8	Lurgiシステム
Industrie Haute Technologie（スイス）[17]	アルカリ	3-330	常圧	99.8-99.9	3.9-4.2	83.3-90.1	Bamagシステム
ELT（ドイツ）[17]	アルカリ	110-760	31	99.8-99.9	4.3-4.6	76.4-81.8	Lurgiシステム
ELT（ドイツ）[17]	アルカリ	3-330	常圧	99.8-99.9	3.9-4.2	83.3-90.1	Bamagシステム
Hydrogenics（カナダ）[17]	アルカリ	10-60	5-10	99.9	4.6-4.8	73.2-76.4	
Hydrogen Technologies（ノルウェー）[17]	アルカリ	10-485	常圧		4.3	81.8	Norsk Hydro
De Nora Permelec（イタリア）[17]	アルカリ	4-540	常圧	99.9	4.3-4.5	78.1-81.8	
Nitidor（イタリア）[17]	アルカリ	80	3-6	99.5	4.7	74.8	
JHFC 相模原ステーション（日本）[18]	アルカリ	34			4.4	79.3	水素製造装置
					4.7	75.1	圧縮装置込み
Proton Energy System C Series（アメリカ）[17]	PEM	10-30	2.5-5.0	99.9998	5.8-6.0	58.6-60.6	
神鋼環境ソリューション（日本）[17]	PEM	1-60	4-8	99.99993	6.5	54.1	
日立造船（日本）[17]	PEM	0.5-30		99.99	4.5	78.1	
三菱重工（日本）（設計値）[19]	PEM	39.2	7		4.5	78.6	
WE-NET（高松ステーション）[20]	PEM	20			3.9	90.6	水素製造装置
					5.6	62.4	圧縮装置込み
本田技術研究所（日本、SHS）[20]	PEM	2			3.7	95.1	水素製造装置
					5.2	67.8	圧縮装置込み

コストを下げることは難しい。したがって、低コスト、かつ高効率の水電解を行うためにはアルカリ水電解の高効率化技術、あるいは固体高分子形水電解の低コスト化技術が必要になる。

6.6.2 大規模再生可能エネルギーへの対応にむけて

わが国の最大の工業電解技術として食塩電解による塩素、水酸化ナト

リウム、および水素製造がある。全反応は

$$2NaCl + 2H_2O \rightarrow 2NaOH + Cl_2 + H_2 \qquad (6\text{-}20)$$

であり、隔膜にはカチオン交換膜を Na^+ 伝導体として用い、電極反応は以下のとおりである。

$$(アノード)\quad 2Cl^- \rightarrow Cl_2 + 2e^- \qquad (6\text{-}21)$$

$$(カソード)\quad 2H_2O + 2e^- \rightarrow H_2 + 2OH^- \qquad (6\text{-}22)$$

基本的には、水電解の酸素発生の代わりに塩素発生反応の選択性の高い酸化ルテニウム系触媒担持 Ti 電極をアノードに用いて塩素発生を選択的に行う電解であり、カソードの水素発生反応はアルカリ水電解と同じである。理論分解電圧は 2.16 V と水電解の 1.23 V よりはるかに大きい[23]。2009 年度にわが国で NaOH 製造に使用された電力量は 9,828 百万 kW・h、平均すると 1,122 MW の電力であり、電力原単位は 2,433 kW・ht^{-1}-NaOH であった[24]。水素は副生成物として生産される。水素製造の電力原単位に換算しても 4.3 kW・hm^{-3}-H_2 の高い効率である。食塩電解工業では生産のための電力原単位の削減のために反応活性の高い電極材料の開発や、図 6-19 に示した電解槽の構造のうち、基本的には a) アルカリ水電解と同じであったものをゼロギャップ方式と呼ばれる b) 固体高分子形水電解のように電極が隔膜と接している構造への改良などが行われている。

　社会基盤となるエネルギー源を生産するためには大規模な水電解プラントが必要となる。たとえば、原子力発電所 1 基分に相当する 1,000 MW の電力を得ることを考える。たとえば、水電解、有機ハイドライドの水素化、輸送、有機ハイドライドの脱水素化、発電のそれぞれのエネルギー効率を 70〜80、90、95、90、55％とすると電解電力には 3,000〜3,400 MW が必要となる。**表 6-14** にこれまでに製造された大規模水電解プラントの例を示す[25]。世界最大級のアスワンハイダムに設置され

6.6 大規模エネルギー貯蔵にむけた水電解技術

表6-14 大規模水電解プラントの例[23]

場所（国名）	装置産業	水素製造能力 $N\ m^3\ h^{-1}$	電解電力 MW
Aswan（Egypt）	Brown Boveri	33,000	182
Nangal（India）	DeNora	30,000	165
Ryukin（Norway）	Norsk Hydro	27,900	153
Ghomfjord（Norway）	Nordk Hydro	27,100	149
Trail（Canada）	Trail	15,200	84

た水電解プラントの電解電力でも182 MWであり、原子力発電所並みの電力を得るには10倍以上の膨大なプラントが必要である。しかし、この規模は、現在稼働している食塩電解槽の規模とは大差無い。すなわち、同じオーダーの水電解設備を建設してエネルギー源としての水素を得ることは実現可能なレベルである。

電気自動車用並びに家庭用コージェネレーションシステム用電源として研究開発がすすめられている、固体高分子形燃料電池の実用化のための技術的な重要な課題の1つは、起動停止や負荷変動による劣化を抑制することである。とくに起動停止時に燃料極に空気（酸素）が入ると、過渡的に燃料電池の開回路電圧より高い電圧になり、劣化が加速されることが分かっている。食塩電解工業でもプラント保守のために停止するときに発生する腐食を抑制することが重要である。

以上より、再生可能エネルギーの電力変動に追随するためには定電流条件よりも耐久性、とくにアノード材料の高電位での耐性が優れていなければならないと考えられる。また、運転停止時にはカソードに酸素が混入しても十分な耐食性が必要である。

加圧型の水電解システムでは、圧力変動に耐えられる構造設計とともに水素および酸素の透過を抑制して高いイオン伝導度を有し、信頼性の

高い隔膜材料の開発が必要であると考えられる。

　以上のように、再生可能エネルギーに対応して高効率な水素エネルギーシステムを構築するためには、大きな電力変動のもとでも安定かつ高効率での電解が可能な電極および隔膜材料の開発が必要であり、現状技術を単に応用できるものではない。これらの技術開発のためには電解にかかわる水平の技術協力のみならず、使われ方を意識した縦の協力も重要であると考える。

〔参考文献〕

1) 伊藤直次：水素利用技術集大成　製造・貯蔵・エネルギー利用、p. 402、エヌ・ティー・エス（2003）
2) 栗山信宏：水素利用技術集大成　製造・貯蔵・エネルギー利用、p. 351、エヌ・ティー・エス（2003）
3) R. L. LeRoy, M. B. I. Janjua, R. Renaud and U. L.euenberger；*J. Electrochem. Soc.* 126, 1674-1682（1979）
4) D. Stolten and D. Krieg："Hydrogen and Fuel Cells, Fundamentals, Technologies and Applications", D. Stolten Ed., Wiley-VCH, 2010, p 243-270, "Alkaline Electrolysis-Introduction and Overview"
5) D. Hall：*J. Electrochem. Soc.*, 132, 41C-48C（1985）
6) K. Zeng and D. Zhang：Prog. *Energ. Combust*, 36, 307-326（2010）
7) R. N. Singh, D. Mishra, Anindia, A. S. K. Sinha and A. Singh：*Electrochem. Comm.*, 9, 1369-1373（2007）
8) R. Solmaz and G. Kardas：*Electrochim. Acta*, 54, 3726-3734（2009）
9) F. Rosalbino, D. Maccio, E. Angelini, A. Saccone and S. Delfino：*J. Alloys Comp.*, 403, 275-282（2005）
10) T. Smolinka, S. Rau and C. Helbling："Hydrogen and Fuel Cells, Fundamentals, Technologies and Applications", D. Stolten Ed., Wiley-VCH, 2010, p 271-298, "Polymer Electrolyte Membrane（PEM）Water Electrolysis
11) M. Zahid, J. Schefold and A. Brisse："Hydrogen and Fuel Cells, Fundamentals, Technologies and Applications", D. Stolten Ed., Wiley-VCH,

2010, p 227-242, "High-Temperature Water Electrolysis Using Planar Solid Oxide Fuel Cell Technology: a Review".

12) CH. Comninellis and G. P. Vercesi : *J. Appl. Electrochem*, 21, 335-345 (1991)
13) L. A. De Faria, J. F. C. Boodts and S. Trasatti : *J. Appl. Electrochem*, 26, 1195-1199 (1996)
14) Egil Rasten : PhD thesis, "Hydrogen and Fuel Cells, Fundamentals, Technologies and Applications", Norwegian University of Science and Technology, Norway, 2001, p 35-44, "Chapter 3 Literature review"
15) R. Tunold, A. T. Marshall, E. Rasten, M. Tsypkina, L-E. Owe and S. Sunde : *ECS Trans.*, 25 (23), 103-107 (2010)
16) P. Millet, D. Dragoe, S. Grigoriev, V. Fareev and C. Eievant : *Int. J. Hydrogen Energy*, 34, 4974-4982 (2009)
17) O. Pantani, E. Anxolabéhè-Mallart, A. Aukauloo and P. Milet : *Electrochem. Commun*, 9, 54-58 (2009)
18) O. Pantani, S. Naskar, R. Guillot, P. Milet, E. Anxolabéhè-Mallart and A. Aukauloo : *Angew Chem. Int. Ed.*, 47, 9948-9950 (2008)
19) 各社カタログデータ（Webを含む）
20) 日本自動車研究所，エンジニアリング振興協会："固体高分子形燃料電池システム実証等研究（第1期JHFCプロジェクト）報告書", 2006, p 159-162, "JHFCプロジェクト実証データ"
21) 新エネルギー・産業技術総合開発機構："平成17年度〜平成19年度成果報告書 水素安全利用等基盤技術開発 水素に関する共通基盤技術開発「固体高分子水電解技術の低コスト化の研究」", 2008, p 44, "水電解装置試設計"
22) 岡部昌規、中沢孝治、樽谷憲司、判田圭：Honda R&D Technical Review, 20, 67-73 (2008)
23) 日本ソーダ工業会："ソーダ技術ハンドブック2009"、日本ソーダ工業会, 2009, p134-141
24) 日本ソーダ工業会：電解ソーダ工業の電力消費量、買電・自家発電比率、電力原単位の推移（2009）
http://www.jsia.gr.jp/data/guide2009_10.pdf
25) 電気化学会編：電気化学便覧第5版, p. 374 (2000)

第7章 大規模電力貯蔵システム

　気候と環境の保護を持続的に推進するために、再生可能エネルギーを主体とした社会構築にあたり、人類が安定的にエネルギーを利用するためには効率的なエネルギーの貯蔵、運搬が重要となる。

　本章では、特に電力貯蔵に焦点をあて、電力貯蔵システムの種類、蓄電原理、特徴および再生可能エネルギーでの発電実例をまじえて紹介する。

7.1 エネルギーの種類

生活活動を行う上でわれわれが多量に消費しているエネルギーの形態には、一次エネルギーと二次エネルギーがある。一次エネルギーとは、自然界に存在し、それを直接利用するエネルギーのことをいう。具体的には、化石燃料（石油、石炭、天然ガスなど）や再生可能エネルギー（風力、水力、太陽、地熱など）である。これに対し、電気や水素など、一次エネルギーを何らかの形で変換したエネルギーを二次エネルギーという。これらの分類とは別に、エネルギーの種類として、エネルギーには化学エネルギー、力学エネルギー、熱エネルギー、電気エネルギーなど、さまざまな種類があるが、おのおのについてその貯蔵方法は考えねばならない。**表7-1**には核エネルギーを除くエネルギーの種類とその代表的な貯蔵方法の例を示す。

表7-1　エネルギーの種類とその貯蔵

エネルギーの種類		貯蔵形態
化学エネルギー		化石燃料、水素、電池、植物
熱エネルギー		蒸気、温水、岩石 融解熱、蒸発熱
電磁気エネルギー	電気エネルギー	キャパシタ、コンデンサ
	磁気エネルギー	超伝導コイル
力学エネルギー	ポテンシャルエネルギー	揚水発電
	圧力エネルギー	圧縮空気
	運動エネルギー	フライホイール

7.1.1 力学エネルギー

「力学エネルギー」は、有効エネルギー100%と質の高いエネルギーであり、特に電気エネルギーとの相互変換においては効率の高い点が評価される。ポテンシャルエネルギーを利用する揚水発電においては、送電ロスを計算に入れても電力貯蔵の効率は65〜70%であり、新規建設の立地的制約があるが、大電力貯蔵には優れている。そのため、現在では発電実績が多く信頼性が高いシステムである。

7.1.2 化学エネルギー

「化学エネルギー」は、物質が元来持っているエネルギーのことであるが、ほかのエネルギーと異なり、安定な化合物を選ぶことにより容易に貯蔵ができる。貯蔵を目的とする化合物はその取扱いやすさから考えて、液体、あるいは気体が望ましく、メタノール、アンモニア、水素などが考えられている。この中で水素は水から作る過程でエネルギーを蓄え、酸素と反応して水ができる過程でエネルギーを放出する。クリーンでエコロジカルな水素エネルギーシステムの根幹のプロセスだが、現状では水素を水から容易に、効率よく大量に作り出すことは困難である。

7.1.3 熱エネルギー

「熱エネルギー」は、古代人が火を発見して以来、われわれにとって身近なエネルギーとして最も多く利用されている形態である。しかし熱エネルギーは長期の貯蔵は困難である。熱エネルギーとしての質は温度で評価され、高温ほど質が高く、利用価値が高い。高温の蓄熱剤としては溶融塩、あるいは岩石などのセラミックスが利用される。一方、温度が低いとエネルギーとしての利用価値が著しく下がるのが熱エネルギーの欠点である。水は熱容量が大きく、安価でもあり熱の貯蔵に適した物

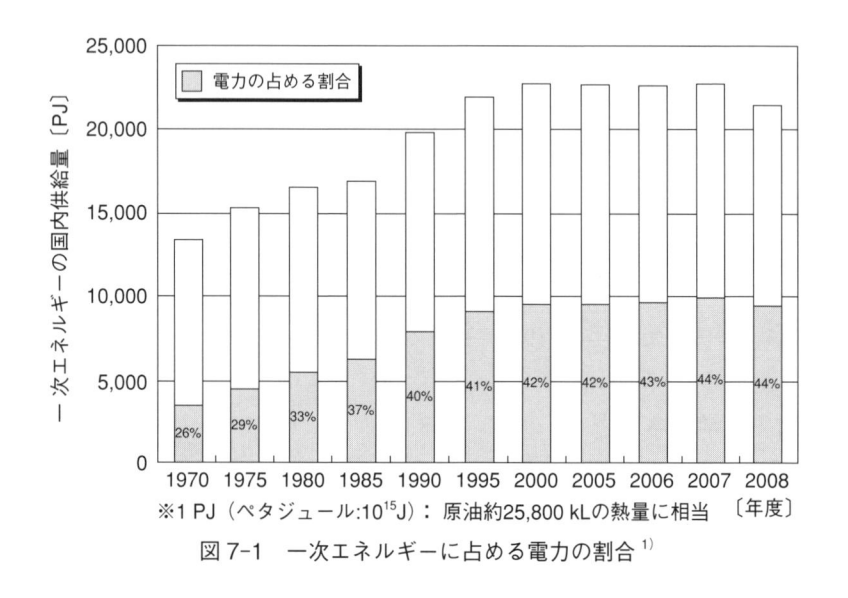

図7-1 一次エネルギーに占める電力の割合[1]

※1 PJ（ペタジュール:10^{15}J）：原油約25,800 kLの熱量に相当　〔年度〕

質といえるが、液体としては100℃の熱までしか利用できない。

7.1.4 電気エネルギー

「電気エネルギー」はクリーンであり、輸送、制御が容易であり、汎用性が高いため工業用、一般用を含めて二次エネルギーの中では比重が大きい。19世紀末に発電機が発明され、大規模に電気エネルギーを利用できる可能性が広がった。現代では、電気エネルギーは二次エネルギーとしての使用であれば、クリーンであるので、あらゆる場所で使用されている。実際に、一次エネルギーに占める電力の割合は年々増加の一途をたどっており、現代社会において電力がいかに重要かを意味しているだろう（図7-1）。

高度に文明が発達した現代において、特に社会生活並びに一般生活レベルを維持するためには電気エネルギーは必要不可欠な二次エネルギー

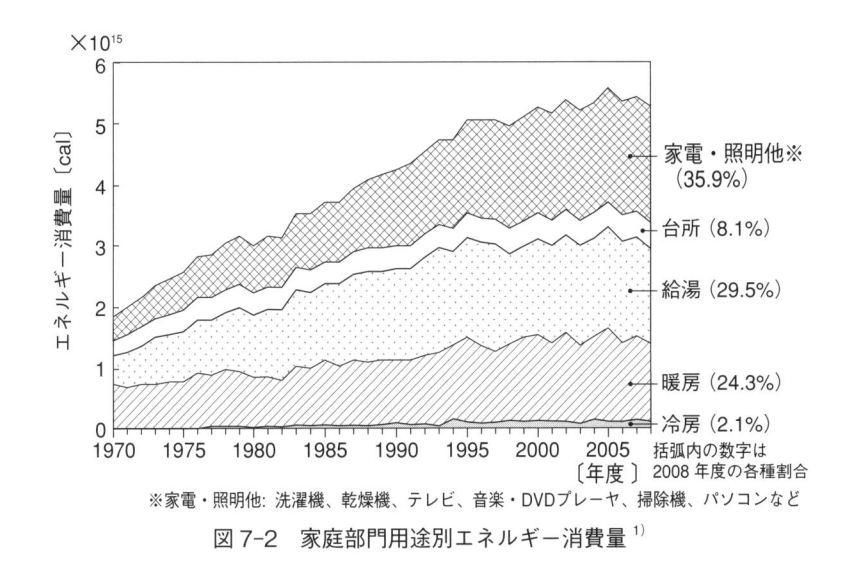

図 7-2　家庭部門用途別エネルギー消費量[1]

※家電・照明他: 洗濯機、乾燥機、テレビ、音楽・DVDプレーヤ、掃除機、パソコンなど

括弧内の数字は2008年度の各種割合

- 家電・照明他※ (35.9%)
- 台所 (8.1%)
- 給湯 (29.5%)
- 暖房 (24.3%)
- 冷房 (2.1%)

である。近年においては、テレビ、洗濯機、掃除機、パソコンといった電化製品が広く普及し、一家に何台もある家庭も数少なくない。電化製品自体の電力消費量は低消費電力化が試みられているものの、豊富な種類と数が一般家庭に普及し、生活水準の向上とともに一般家庭におけるエネルギー消費量、つまり電力使用量も年々増加傾向にある（**図7-2**）。

　この電気エネルギーの大きな欠点は電流という形態では簡単に貯蔵できないことである。生産されると同時に使用しきれなければならない。そのため、わが国では電力需要を事前に予測し、発電量を制御するという芸術的な技術により停電は滅多に発生しない。しかし、年々増加する電気エネルギーの需要拡大、さらには風力発電や太陽光発電といった自然環境に左右されて時間変動の大きい再生可能エネルギーの導入増大による需要・供給のミスマッチを考えると、電力貯蔵システムの開発は必須である。

7.2 電力貯蔵システムへの期待

電力貯蔵システムは、電力系統の運用面からさまざまな用途で要求があり、幅広く必要とされている。以下にそれらのニーズをまとめる。

① 再生可能エネルギーの余剰吸収・出力安定化

風力発電および太陽光発電の供給力が不足または余剰となる場合が懸念される。もともと、再生可能エネルギーによる発電は出力が安定しにくいため、電力需給バランスを調整させるために電力貯蔵システムによる出力安定化が期待されている。

② 負荷平準化

時期や燃料価格の状況などによるが、一日の時間帯によって電気料金は異なる。深夜電力は昼間帯の価格よりも安価である。この経済的メリットを利用して、夜間の安価な電力を蓄え、昼間帯に放出することはエネルギー授受としては損失を生むが、経済的には利益を生み出すこともできる。この用途で電力貯蔵システムを使うことは、これまでも広く行われており、電力会社では揚水発電の運用がなされてきており、高い実績がある。

③ 移動用電源

短期間の移動用電源としては、ガスまたはディーゼルエンジンによる発電機を自動車に乗せて現地に運び込むことが多いが、騒音や排ガスが現地で問題になることも少なくない。7.4で紹介する化学電池はこの電源の代替機として活用が期待されており、ナトリウム硫黄電池は一部運用されている。あらかじめ、現地またはほかの電源から充電しておく必要はあるが、静粛で、排気を出さない清潔な電源としての評価は高い。

④ 瞬動予備力・運転予備力

風力発電や太陽光発電といった再生可能エネルギーは、化学電池を併設しておくことが望ましい。それは出力が不安定な再生可能エネルギーを連結している電力系統に供給することは、電力系統を乱して瞬間的な停電を起こしかねない。そのため、化学電池を併設して瞬時に出力を変化させて、需給バランスに寄与する瞬動予備力と指令を受けてから需給バランスに寄与する運転予備力を増強しておく必要がある。一般的には運転予備力として建設コストの安い発電機で賄うことが多いが、電池をこの電源の代替機として活用することも可能である。

⑤ 非常用電源

日本国内では数時間単位の停電は非常に少ないので非常用電源が起動される機会はほとんどないが、それだけに非常時には確実で安定した起動が求められる。電力負荷平準化や電力品質維持の目的で導入した電池の一部を非常用電源として確保することは可能である。この場合、蓄電システムとしては日々運転されているので、非常時にも安定して起動することが期待できる。

⑥ 電力品質改善

先にも述べたとおり、国内では停電が非常に少ないが、瞬間的な電圧低下は現在でも避けられない。この事象は多くの場合、送配電線への落雷に対して保護リレーや遮断器が正常に動作した際にも起きる。通常、われわれは蛍光灯のチラツキとして感じること以外は実感することはないが、このわずかな電圧の乱れがデリケートな精密機械や半導体の製造プロセスに多額の損害を与えるおそれがある。瞬間的な電圧低下を防ぐために化学電池を導入する事業者も多い。

7.3 電力貯蔵システム

7.3.1 揚水発電

　水力発電方式の1つでもある揚水発電は日本国内で歴史的に長期にわたり貢献してきた電力貯蔵システムであり、高い実績を誇っている。揚水発電は上部調整池と下部調整池の2つの貯水池を備え、昼間の電力需要がピークを迎える時間帯に、夜間の余剰電力を利用してあらかじめ汲み上げておいた上池の水を落下させ、その位置エネルギーを利用して発電を行う（**図7-3**）。夜間には余剰電力を利用し、水車を逆回転させることで下部調整池にたまっている水を上部調整池に汲み上げる（**図7-4**）。国内の揚水発電システム全体のエネルギー効率は約70%である。自然流入による発電はしないか、してもごくわずかであるため、実際は発電所というより巨大な電力貯蔵システムとみなすことができる。

　特に最近は、ピーク時の需要対策など電力の安定供給のために揚水発電は再び注目されている。しかし、すでに狭い国土の中で開発が進められてきており、地理的な適地は少なくなっているため、揚水発電施設の立地はいっそう困難になっている。わが国の水力発電所で50万kW以上の大規模のものは、部分的にしろこの揚水発電方式を取り入れている。揚水発電施設の立地として、河川を利用する限り今後は新規建設に大きな期待がもてない。海水などの利用も考えられるが、貯水池の建設にこれまでより大幅にコストがかかることが予想されている。

7.3.2 圧縮空気貯蔵

　圧縮空気貯蔵（CAES: Compressed Air Energy Storage）は空気を圧縮して地下の空洞に貯蔵しておき、必要なときに圧縮空気を補助として

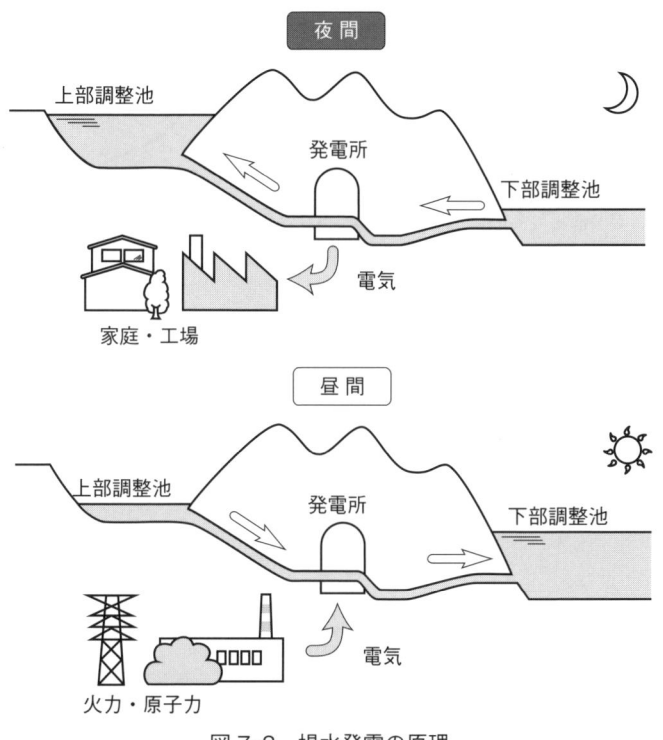

図 7-3　揚水発電の原理

ガスタービン発電機に流し込むという電力貯蔵システムである。つまり、電気エネルギーを高圧空気に変換して圧力エネルギーとして蓄える方式である。**図 7-5** に CAES によるエネルギー貯蔵の概要を示す。揚水発電と同様に、価格の安い深夜電力を利用し、圧縮機を利用して空気を圧縮後に地下貯槽空洞などに貯蔵する。発電時には燃料とともにガスタービン発電機へ貯蔵しておいた圧縮空気を供給する。CAES 単独で電力貯蔵するシステムではないので、効率などの評価には注意が必要であるが、ガスタービン発電機の燃料の約 2/3 が空気の圧縮に消費されることから、効率は約 60% と言われている。

第7章　大規模電力貯蔵システム

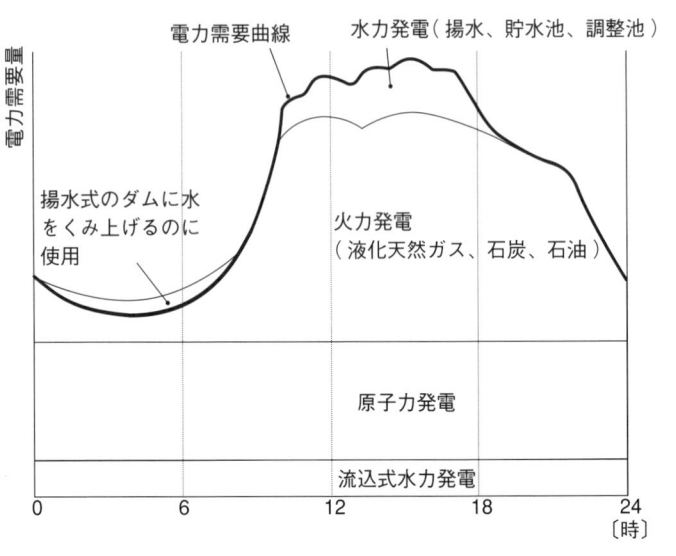

図 7-4　一日の中での電力需要変動とその対応

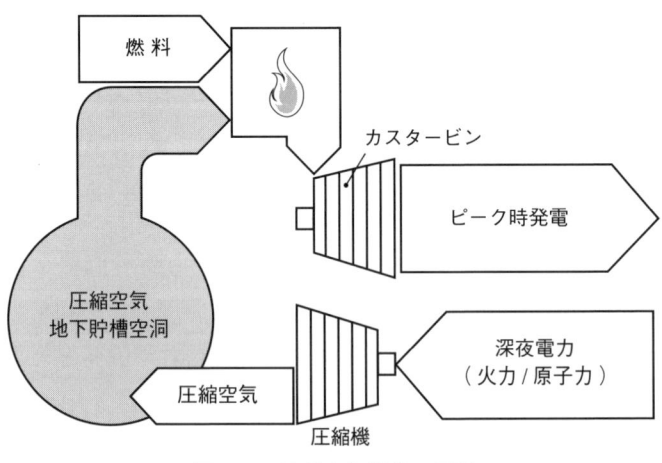

図 7-5　圧縮空気貯蔵の原理

176

この技術は古く、ドイツのフントルフでは岩塩を掘った穴を利用してCAES技術を伴う29万kWのガスタービン発電所が1978年から稼働している。ここでは、空気を約60気圧に圧縮し、地下650〜800mの岩塩層にある岩盤内地下空洞に貯蔵している。

　海外の事例では地下貯槽空洞は岩塩層内に建設されているが、気密性が高く安定した岩塩層は日本国内には少ない。国内でCAESの実用化を図るには、地下貯槽空洞の気密機能を図る必要がある。電力中央研究所では水封方式（空洞周辺の地下水により漏気を防ぐ方式）を提案し、神岡鉱山内で水没していた旧坑道を利用して、トンネル形式の実験用貯槽空洞を建設し、実証実験を実施している。

　フントルフで取り組まれてきたCAES技術は当初近隣に設置された原子力発電所の夜間余剰電力を利用して空気を圧縮していた。近年、フントルフでは風力発電が盛んであるため、風力発電で余剰となった電力を貯蔵する目的で、新規開発の検討がなされている。

7.3.3　超伝導電力貯蔵
●超伝導電力貯蔵の原理

　超伝導現象とは、温度が低くなると物体の電気抵抗がゼロになる現象をいう（**図7-6**）。通常の金属も絶対温度が低くなるほど抵抗は下がるがゼロになることはない。

　超伝導状態では電気が流れても電気抵抗がないため、大電流を流しても熱となって失われるエネルギー損失が限りなく少ない。この状態では電力を磁気エネルギーの形で蓄えることができる。このとき蓄えられるエネルギーEはインダクタンスをL、直流電流をIとすると次式で表される。

図 7-6　超伝導現象

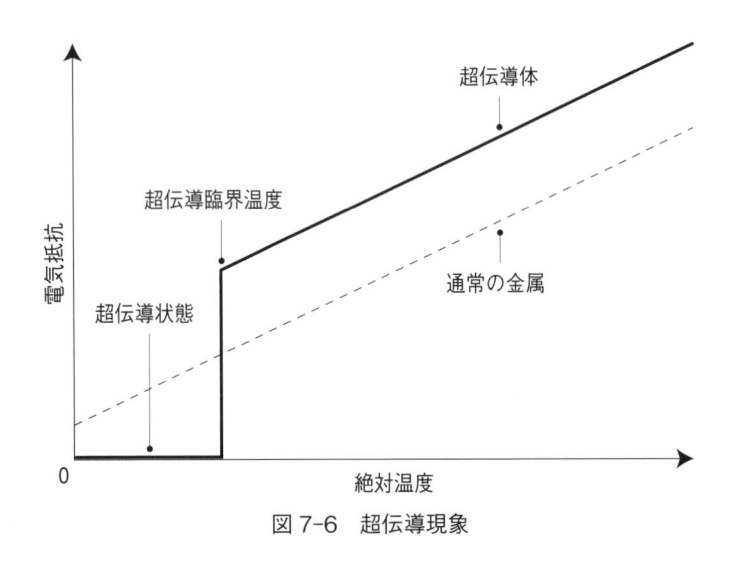

$$E = \frac{1}{2}LI^2 \qquad (7\text{-}1)$$

　この超伝導現象を電力貯蔵へと応用した技術をSMES(Superconducting Magnetic Energy）と呼ぶ。**図 7-7**には超伝導電力貯蔵装置の模式図を示す。このシステムはエネルギーを貯蔵する超伝導コイル、超伝導状態の低温を維持するための断熱容器（魔法瓶）、冷媒のヘリウムまたは窒素を冷却する冷凍液化機、それに直流交流変換器により構成されている。

　連結している電力系統から余剰電力を貯蔵し（図7-7 (a)）、超伝導状態にするために、液体ヘリウム、または液体窒素を主とした冷却システムにより超伝導コイルを常時冷却する。超伝導状態になると電流は永久電流として損出なく流れ続ける（図7-7 (b)）。したがって、コイルの中に電流を閉じ込められれば、電気エネルギーは磁気エネルギーとして蓄えることができる。

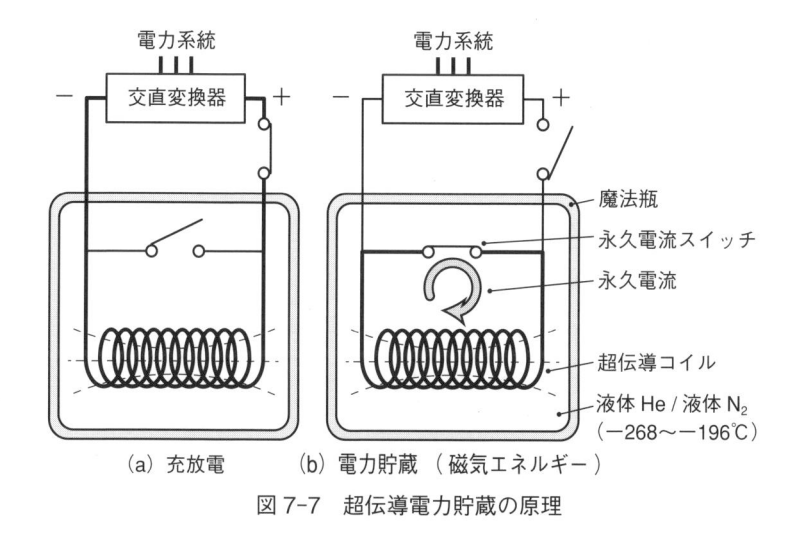

(a) 充放電　　(b) 電力貯蔵（磁気エネルギー）

図 7-7　超伝導電力貯蔵の原理

　貯えられるエネルギーは式 (7-1) に示すとおり、流れる電流の2乗とコイルのインダクタンスに比例する。超伝導電力貯蔵ではエネルギー変換プロセスを伴わないので、電力の貯蔵、再利用には必要なエネルギーは極低温を維持するための冷却器のエネルギーのみである。冷却に必要なエネルギーは貯蔵時間とともに増大するので、長期の電力貯蔵には向いておらず、基本的には1日1サイクルの利用が考えられている。

　このパターンでの電力貯蔵は揚水発電、電池による電力貯蔵と異なり、電気エネルギーを変換せずに電流として貯蔵できる。そのため貯蔵効率は90％が見込まれている。

　超伝導電力貯蔵システムの要は超伝導材料である。材料面からは超伝導材料はもとより、低温を維持するための断熱材など、いずれもより性能のよいものが必要とされている。さらに、巨大なコイルを岩盤上に精度よく安定に設置する技術、数百 kA 以上の電流の出入りを制御する技術など解決すべき問題点は多い。

7.3.4 フライホイール

フライホイールによる電力貯蔵とは、「物体は外力が加わらなければその運動を維持する」という力学第1の法則である慣性の法則を利用して、大きな質量を持ったはずみ車が回転し続ける現象を利用した電力貯蔵技術である。フライホイールはエネルギーを運動エネルギーの形で蓄えている。この回転慣性モーメントをI、回転角速度をωとすると、フライホイールに蓄えられるエネルギーEは次式で表される。

$$E = \frac{1}{2} I \omega^2 \qquad (7\text{-}2)$$

フライホイール電力貯蔵装置は、ある質量を持ったフライホイールと、フライホイールを支えるための物理的に非接触な超伝導軸受や、電力を出し入れするための発電電動機、回転時の空気抵抗を減らすための真空容器などから構成され、電気エネルギーを回転するフライホイールの運動エネルギーに変換して貯蔵する装置である（**図7-8**）。大きなエネルギーを貯蔵しようとした場合、より大きな質量のフライホイールを回転させる必要がある。そのとき、いかにフライホイールの運動エネルギーを損出なく維持できるかが重要である。

フライホイールに蓄えられた運動エネルギー損出の主要因は、回転軸を支える軸受およびフライホイール回転時の空気抵抗である。前者に関して、フライホイールの回転軸を支える軸受として玉軸受などの機械式軸受を用いると、軸受で生ずる摩擦抵抗により、エネルギー損出が生じる。そのため、質量の大きなフライホイールを非接触で支えられる超電導軸受を用いる。先にも述べたように、超伝導状態では電気抵抗がゼロになるため、大電流を流すことで、より小さなサイズでより大きな磁力を発生させることができる。

この超伝導コイルによる非接触磁気軸受を用いることで、大きな質量

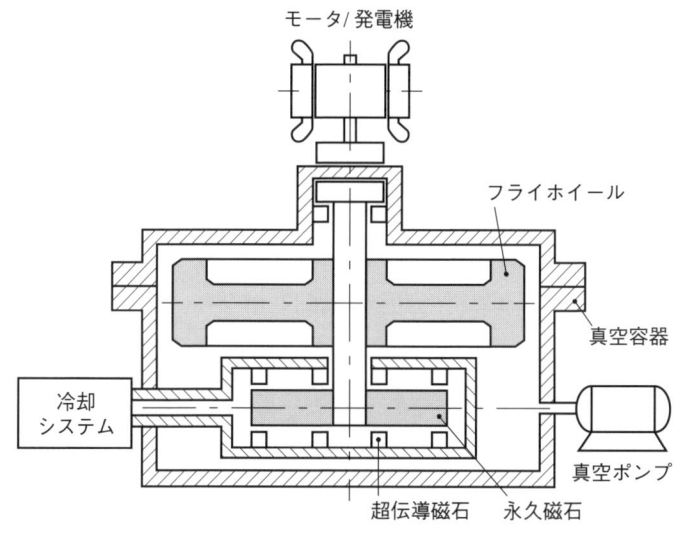

図 7-8　超伝導フライホイールの原理

のフライホイールを摩擦抵抗の無い状況で支えることができる。これに加えて、フライホイールを超真空状態で利用できれば、コンパクトで大容量のフライホイール電力貯蔵システムを構築することが可能となる。これにより、エネルギー密度が大きくとれ、これは揚水発電、圧縮空気と異なり、立地の制約が小さく、小型の電力貯蔵に向いているとされている。

7.3.5　水素エネルギー貯蔵

水素は、周期律表の最上列の左端に位置し、宇宙で最も多量に存在し、無色、無臭の地球上で最も軽い気体である。また、水素はその反応性から単独ではほとんど地球上に存在せず、水や有機化合物（石炭、石油、天然ガスなど）の形で広範囲に存在している。水素の製造方法として、水の電気分解、バイオマスなど、多様な製造方法が考えられており、クリーンな二次エネルギーといえる。しかし、石油などに比べて、

水素は貯蔵が技術的に難しいところが難点である。

　二次エネルギーとしての水素の貯蔵、輸送方法は大切なポイントである。常温常圧で水素は気体である。気体による貯蔵、輸送はボンベ、パイプラインなどで、これまでに多くの実績があり技術的には問題はない。しかし、高圧にしたところで、エネルギー密度は小さく、特に自動車などの移動体、小型機器への適用には問題となる。液体水素が利用可能ならば、エネルギー密度の点からは問題はない。ロケット用の燃料として液体水素は利用されており、コストを度外視すると、技術的にはこれも問題ないと思われる。輸送の簡便化を考慮して、さらなるエネルギーの高密度化のために現在以下のような貯蔵方式の開発が進められている。

● 水素の輸送と貯蔵
　① 圧縮ガスボンベ

　圧縮ガスボンベは、水素を高圧化／低温化により体積を圧縮しエネルギーを蓄える方法である。高圧圧縮には圧縮機を駆動するためのエネルギーが必要であるうえ、耐圧容器が必要になる。水素の沸点は大気圧下では−253℃であり、液化および気体ともにコストがかかり、熱エネルギーとしての損失が大きい。冷却するエネルギーをできるだけ小さくし、極低温で長時間水素を保持するには高い技術が必要である。自動車用の水素タンクは開発されており、利用可能であるが、高圧低温で保持するために高コストとなっている。

　② 水素吸蔵合金

　水素吸蔵合金とは、水素を金属材料中に吸収・放出する合金のことで、7.4.4で紹介するニッケル水素電池でも応用されている。加圧すると水素は発熱反応を伴って水素吸蔵合金に吸蔵され、減圧すると水素は吸熱反応を伴って放出される。理想的な合金としては触媒機能をもち、

水素ぜい化（水素が入りこむことにより、金属材料がもろくなる現象）を起こしにくく、安価で豊富な材料であることが求められる。水素吸蔵合金は単位体積中に固体水素または液体水素より多くの水素を蓄えることができる。このような合金を求めて研究開発が進められているが、実用化にいたっていない。水素吸蔵合金は、圧縮ガスボンベと比べて容積は小さいが、重量は重く、動作温度が300℃以上になることもあるのが欠点の1つである。

③ 有機ハイドライド

有機ハイドライドは、水素を共有結合により吸収できる有機化合物である。ベンゼン、トルエンなどの芳香族化合物は、白金を触媒としてシクロヘキサン、メチルシクロヘキサンなどの有機ハイドライドへ変化することで、水素を貯蔵できる。例として、水素を吸蔵、放出するシクロヘキサン－ベンゼン、デカリン－ナフタレンの系では、比較的低温で可逆的に水素を吸蔵・放出する。

$$C_6H_{12} \rightleftarrows C_6H_6 + 3H_2$$

$$C_{10}H_{18} \rightleftarrows C_{10}H_8 + 5H_2$$

水素放出時も白金が触媒として作用し、水素吸蔵時には発熱、水素放出時には吸熱反応をする。水素放出時には加熱し、250〜300℃に維持する必要があるのが欠点の1つである。水素の吸蔵、脱離にやや多くのエネルギーが必要であるものの、金属水素化物に比べると単位質量当たりの水素密度が格段に大きく、可逆的に水素を出入りさせられる点が注目されている。

有機ハイドライドの長所の1つに物性が石油に似ているので、既存の石油タンカー、石油備蓄タンクなどの燃料輸送・燃料保存インフラを活用できる点がある。

7.4 化学エネルギーを用いた電力貯蔵

　電力貯蔵技術には電気エネルギーを直接貯蔵する超伝導電力貯蔵もあるが、基本的には、ポテンシャルエネルギー、圧力エネルギー、運動エネルギーといった力学的なエネルギー電力貯蔵であった。ほかに電力貯蔵方式として「電池」がある。電池といっても大きくは物理電池と化学電池に分けられる。物理電池には太陽電池、熱電池があるが、これは太陽光エネルギーあるいは熱エネルギーを電気エネルギーに変換する機能を有する。他方、化学電池は化学エネルギーを電気エネルギーに変換する装置であり、一般に電池というとこの化学電池を指すことが多い。以降では、電力貯蔵システムとして適用しうる化学電池に関して述べる。

　化学電池の歴史は古く、イタリアの物理学者ボルタは1799年に亜鉛と銅の組合せからボルタ電池を発明したことに端を発する。これにより、人類は初めて制御下で電気エネルギーを利用できるようになった。ダニエル電池、ルクランシュの乾電池の発明はその利便性をいっそう高めた。ここまでの化学電池は電気エネルギーを得る手段としてのみ考えられていた。一方、プランテの鉛蓄電池、その後のエジソンらのアルカリ蓄電池の発明は電気を蓄える、あるいは電気エネルギーと化学エネルギーの相互変換を可能にした。

　電池とは、化学反応を伴って電子を移動させて、われわれが欲するところに電気として取り出す電気化学システムを利用して化学エネルギーを電気エネルギーに直接変換するシステムである。その基本構成を図7-9に示す。その分類として、使い捨ての一次電池、充電可能な二次電池、それに燃料電池が含まれるが、燃料電池についてはそのほかの解説書に譲るとし、ここでは特に電力貯蔵を考えて二次電池を中心に扱うこ

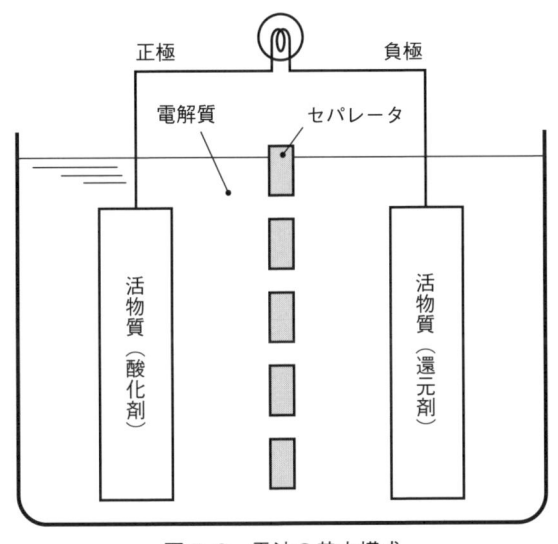

図7-9 電池の基本構成

とにする。

電気化学システムでは2種の電極、電解質が基本要素になっており、電子伝導体である電極とイオン伝導体である電解質の界面で電荷授受を伴う電気化学反応を起こし、化学エネルギーと電気エネルギーの直接変換が行われる。実際の電池では正極液と負極液を分離するためにセパレータ（隔膜）が用いられることも多い。電池の活物質とは電極・電解液界面で直接電気化学反応に関与する物質のことである。

電池の放電反応では正極活物質（酸化剤）の還元反応が、負極では負極活物質（還元剤）の酸化反応が起こる。ここでは電気エネルギーとともに熱エネルギーの授受も起こるが、前者のみが利用の対象となる。

7.4.1 二次電池を用いた再生可能エネルギーの出力平滑化

風況や日射量によって時々刻々、瞬時に変化する再生可能エネルギー

の発電出力に対し、過不足分を二次電池に充電あるいは二次電池から放電することにより、再生可能エネルギーと電池の合成出力の急速な変動を減らすしくみが"平滑化"である。よって蓄電池側は、システムの入出力要求値に対して、時間遅れなしに瞬時に入出力できる必要がある。二次電池は化学反応を用いるため応答特性は優れている。

図 7-10 には風力発電の出力変動平滑化方法を示した。二次電池を用いた風力発電システムの出力平滑化運転には二通りの方法が考えられる。

1つは、風力発電の出力値を用いて合成出力の目標値を計算し、その目標値になるように小容量二次電池の充放電で電力を補う平滑化運転方法がある（図 7-10（b））。もう1つは、特定の運転時間間隔ごとに合成出力の目標値を固定してその目標値になるように大容量二次電池の充放電で電力を補う一定運転方法がある（図 7-10（c））。

平滑化運転として、たとえば 20 分以内の平均化時間を比較的短く設定した短周期変動対策と、比較的長く設定した長周期変動対策がある。

(a) 通常の風力発電
風の状況によって出力が変動し、火力発電などで変動を吸収する必要あり

(b) 出力変動緩和
小容量の蓄電池などを設置し、蓄電池の充放電制御によって風力発電の出力を緩和

(c) 出力一定
大容量の蓄電池を設置して、蓄電池の充放電制御により、風力発電の出力を一定に制御することで、計画的に発電

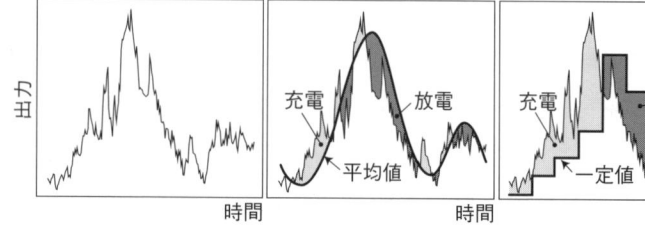

図 7-10　風力発電の出力変動平滑化

平均化時間を長くすると、風力発電および電池から出力される合成出力はより円滑な出力特性を示す。他方、夜間には電力需要が低下することを利用して、風力発電出力を完全に二次電池充電にまわし、昼間は短周期変動対策運転を行う運転方法もある。

以下では二次電池の種類、発電原理、特徴ならびに再生可能エネルギー、特に風力発電の出力平滑化試験実施例を示す。

7.4.2　ナトリウム硫黄電池（NAS 電池）
（1）　電池の原理と構造

ナトリウム硫黄電池（NAS 電池）は、300〜350℃程度で動作し、負極活物質に融解状態のナトリウム、正極活物質に融解状態の硫黄と多硫化ナトリウムが使用されており、両者の混合を防ぎナトリウムイオン導電性を有するベータアルミナ（$\beta\text{-}Al_2O_3$）を隔膜として使用する。このベータアルミナを介して負極と正極間をナトリウムイオンが移動することにより充放電が行われる（**図 7-11**）。ナトリウム硫黄電池の電極反応は以下のように表される。

$$\text{負極反応：} Na \rightleftarrows Na^+ + e^- \tag{7-3}$$

$$\text{正極反応：} xS + 2e^- \rightleftarrows xS^{--} \tag{7-4}$$

$$\text{全反応：} 2Na + xS \rightleftarrows Na_2S_x \tag{7-5}$$

ここで、x は反応する硫黄のモル数である。

放電時には負極側のナトリウムがナトリウムイオンと電子に解離し、ナトリウムイオンはベータアルミナ中を拡散して正極に移動する。電子は電池の外に出て負荷を通り正極側に移動し、ナトリウムイオンおよび硫黄と反応して多硫化ナトリウム Na_2S_x になる。また、充電時には外部回路から電流を流すことで、多硫化ナトリウムがナトリウムイオン・硫

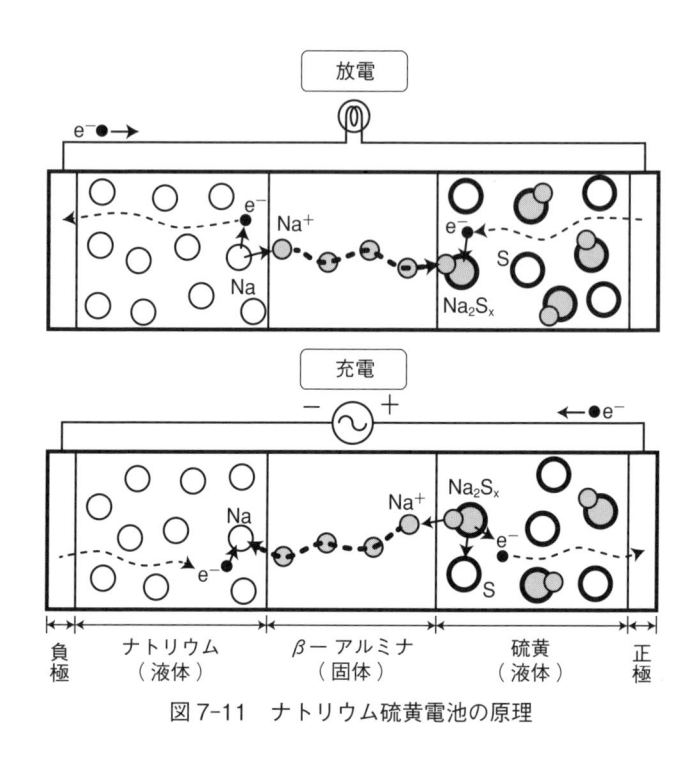

図7-11 ナトリウム硫黄電池の原理

　黄・電子に解離する。その後、ナトリウムイオンはベータアルミナ中を通過して正極に移動し、負極側に移動したナトリウムイオンは、電子を受け取ってナトリウムに戻るというサイクルを繰り返す。

　活物質として空気と容易に反応する融解状態のナトリウムと硫黄・多硫化ナトリウムを使用しており、なおかつ、すべての電極物質を溶融状態に保つ必要があるため、セル容器は耐熱耐食性のステンレス鋼を使用し、活物質は真空封入されている（**図7-12**）。

　単電池のみでは起電力が2Vと低く容量が小さいため、多数の単電池を直列／並列に接続して集合化した電池を構成して1つの電力貯蔵システムとする。運転開始時は電気ヒータで運転温度まで昇温する必要が

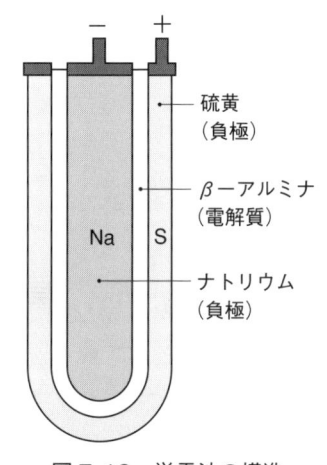

図 7-12　単電池の構造

あるが、その後は充放電時の熱の出入りを監視し、最適化を図ることにより、保温に必要な電力を最小限にしている。

また、主なNAS電池の特徴は以下のとおりである。

（2）　NAS電池の特徴

●利　点

① 豊富な資源を構成材料として使用
② 高い理論エネルギー密度（鉛蓄電池の約3倍）
③ 高い充放電効率（約70〜80％）
④ 充電時の副反応および自己放電がない
⑤ 部材耐久性が長寿命
⑥ 補機や可動部品が少なく保守が簡易

●難　点

① 高温電池のため保温用のヒータが必要（300℃程度）
② 易燃性材料の使用（ナトリウムや硫黄など）

③ 大型設備

（3） 風力発電の出力変動平滑化事例

NAS電池システムのエネルギー密度の高さや高速制御性を活かして、離島での風力発電所において自然エネルギーとNAS電池を組み合わせたシステムの試験が、東京電力により行われてきた。東京電力管内の八丈島は、豊富な自然エネルギーを活用して風力発電や地熱発電が行われている。既存の500 kW風力発電機に400 kW NAS電池システムを導入し、2001年3月から約1年にわたって風力発電の出力変動抑制技術の検証が行われた。その結果例が**図7-13**である。NAS電池の高速な充放電制御により風力発電における出力変動を抑制できることが実証されている。

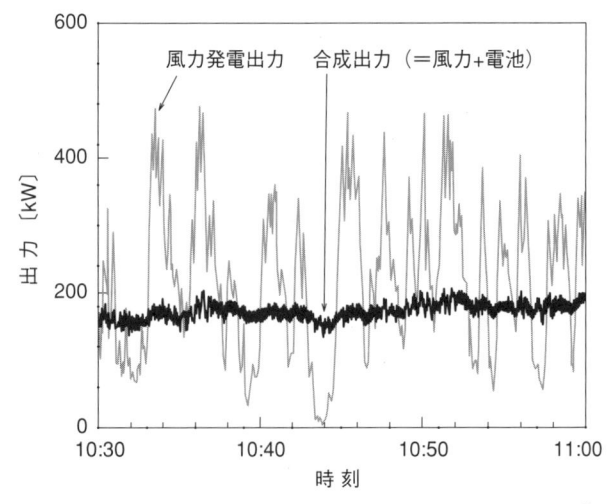

図7-13　NAS電池による風力発電出力変動緩和の一例[3]

7.4.3　レドックスフロー電池

レドックスフロー電池に用いられているレドックス（redox）とは、

還元 (reduction) と酸化 (oxidation) という用語を 1 つにした用語であり、酸化還元という意味である。酸化と還元は必ず対となって起こるため、このような用語が作られた背景がある。レドックス電池は、電極自体は変化しない不活性電極の表面で活物質である 2 種類のレドックス系の酸化と還元が生じる電気化学システムを指す。この活物質の溶液を外部のタンクなどに蓄え、ポンプなどにより流通型電解セルに供給して充放電させる電池をレドックスフロー電池 (redox flow battery) という。

レドックスフロー電池は、1970 年代に原理が発表されて以来、国内外を問わず、活発な研究開発が進められ、レドックス系についても、鉄 (Fe^{2+}/Fe^{3+})-クロム (Cr^{3+}/Cr^{2+})、バナジウム (V^{2+}/V^{3+}、VO_2^+/V^{2+}) を初めとするさまざまな系が提案・開発されている。すでに、一部では実用化が進められている段階にある。

（1） レドックスフロー電池の原理

レドックスフロー電池は、**図 7-14** に示した電池反応を行う流通型電解セル、活物質の溶液（電解液）を貯蔵する正負極のタンク、さらに電解液をタンクからセルへと循環するためのポンプ、直流交流変換器などから構成される。

酸化還元する系としては、価数の変化する金属イオンがその対象となりえるが、正極、負極ともにバナジウムイオンを用いるのが現在最も一般的である。バナジウム系のレドックスフロー電池の電極反応は以下のように表される。

$$負極反応: V^+ (2 価) \rightleftarrows V^{3+} (3 価) + e^- \tag{7-6}$$

$$正極反応: VO^{2+} (5 価) + 2H^+ + e^- \rightleftarrows VO^{2+} (4 価) + H_2O \tag{7-7}$$

$$全反応: V^{2+} + VO_2^+ + 2H^+ \rightleftarrows VO^{2+} + V^{3+} + H_2O \tag{7-8}$$

レドックスフロー電池（バナジウム系）のイオン交換膜はレドックス

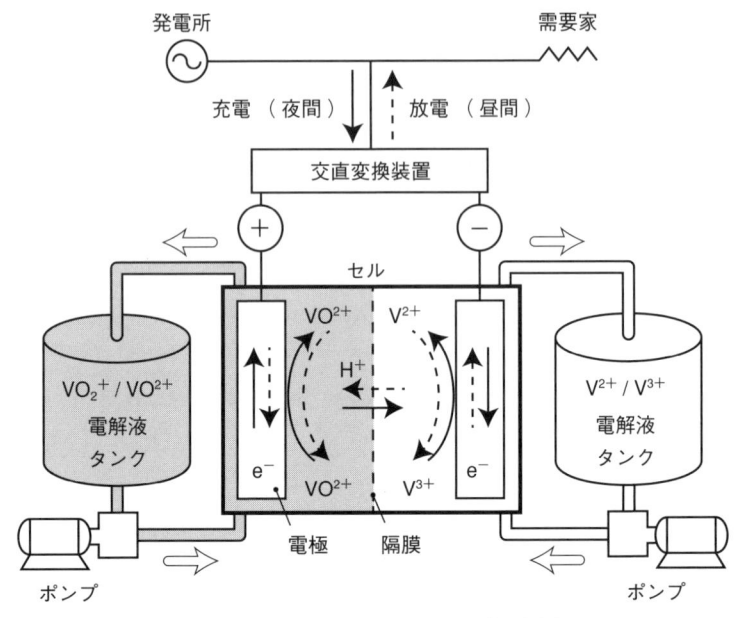

図7-14 レドックスフロー電池の原理

電池の電解質と隔膜を兼ねており、水素イオンを選択的に透過する。電池反応を行う流通型電解セル（セルと略称）、活物質溶液（正負液）を貯蔵する正負極液タンク、正負極液をタンクからセルへと循環するためのポンプ、配管などから構成される。交流電力系統とは交流／直流変換器を介して連系される。

ここで、左から右への反応が充電時の電池反応を表し、セル内の正極で4価のバナジウムイオン（VO^{2+}）は、5価のバナジウムイオン（VO_2^+）に酸化され、負極で3価のバナジウムイオン（V^{3+}）は、2価のバナジウムイオン（V^{2+}）に還元される。この際、充電時に正極で生成される水素イオン（H^+）は、隔膜をとおって負極側に移動し、電解液の電気的中性を保つ。このようにして供給された電力は、価数の異なるバナジ

ウムイオンの形態として電解液タンクに貯蔵される。放電時には、逆の反応によって貯蔵した電力を取り出すことができる。

レドックスフロー電池の起電力は、使用するレドックス系の起電力によるが、バナジウム系の場合には 1.26 V である。ただし、実用的な電解液組成、セルを構成した場合に測定される起電力は約 1.4 V となる。

（2） レドックスフロー電池の特徴

レドックスフロー電池の特徴は多岐にわたり、さまざまな用途への適用を可能としている。

● 利　点

① 充放電に伴う酸化還元反応が単純なため、高いサイクル寿命
② セルとタンクの設計変更より、用途に応じた設計が可能
③ 保守管理が容易
④ 待機、停止時の自己放電がない
⑤ 電解液は環境にやさしい（半永久的に再利用可能）

● 難　点

① 小さいエネルギー密度
② 電解液循環用のポンプ動力が必要

（3） 風力発電の出力変動平滑化事例

北海道電力ほりかっぷ発電所に設置されている風力発電機に定格出力 170 kW（最大 275 kW）容量のシステムを併設し、住友電気工業により出力変動平滑化試験が行われた。平滑化方法として、実際の風力発電出力に対してある時定数を有するローパスフィルタをとおし、短周期成分を除外した出力値を平滑化の目標として設定し、この目標値と実際の風力発電出力の差となる出力を電池から出力させた。システムに接続された電力系統へはこの電池の出力と実際の風力発電出力とが合わさった合成出力が出力される。

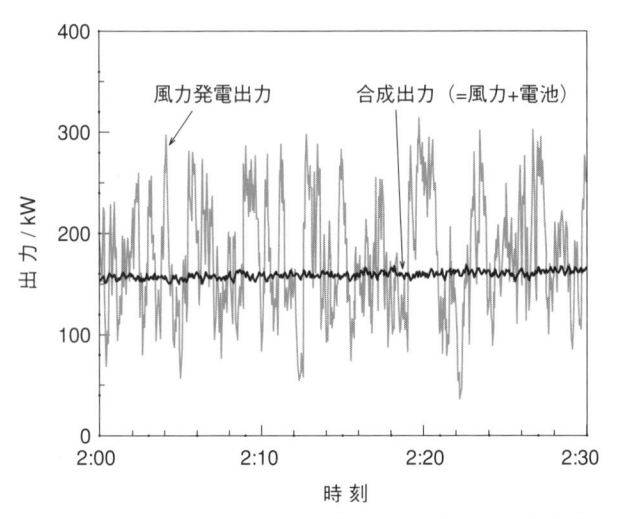

図 7-15　レドックスフロー電池による風力発電出力変動緩和の一例 [4]

　平滑化時定数を1hとした場合の平滑化出力結果例を**図 7-15**に示す。小刻みに変動する風力出力に対し、レドックスフロー電池を合わせた場合には、合成出力は良好に平滑化されることが実証された。

7.4.4　ニッケル水素電池

　ニッケル水素電池は、負極活物質に水素吸蔵合金である金属水素化物（Metal Hydride；MH）、正極活物質に水酸化ニッケルを用い、電解液に水酸化カリウムを主体とするアルカリ水溶液を用いた二次電池である。宇宙衛星用の高圧型ニッケル-水素電池と区別するために、ニッケル-金属水素化物電池（Ni-MH）と呼ばれる。しかし商品名としては、通常、ニッケル水素電池と表示されている。

　1990年の実用化以来、ニッケル水素電池はデジタルカメラや電動工

具などの民生用小型二次電池として使われている。1990年代後半からは、その用途も広がり小型ポータブル機器に加え、電動アシスト自転車やハイブリッド自動車などに搭載されているように、リチウムイオン電池と競合しつつ普及が進んでいる。近年は、多様な用途に合わせ、負極、正極、電解液などの素材の改良などにより大容量化および高速充放電が可能な産業用の大型ニッケル水素電池が開発され、移動体用の電源としての利用のみならず、風力発電や太陽光発電と併設されるようになってきている。

(1) ニッケル水素電池の原理

ニッケル水素電池の充放電原理を**図7-16**に示す。ニッケル水素電池の電極反応は以下のように表される。

$$負極反応：MH + OH \rightleftarrows M + H_2O + e^- \tag{7-9}$$

$$正極反応：NiOOH + H_2O + e^- \rightleftarrows Ni(OH)_2 + OH^- \tag{7-10}$$

$$全反応：NiOOH + MH \rightleftarrows Ni(OH)_2 + M \tag{7-11}$$

ここで、電解質には水酸化カリウム水溶液が使用されている。また、MHは金属水素化物である。反応式からわかるように、放電時には水素

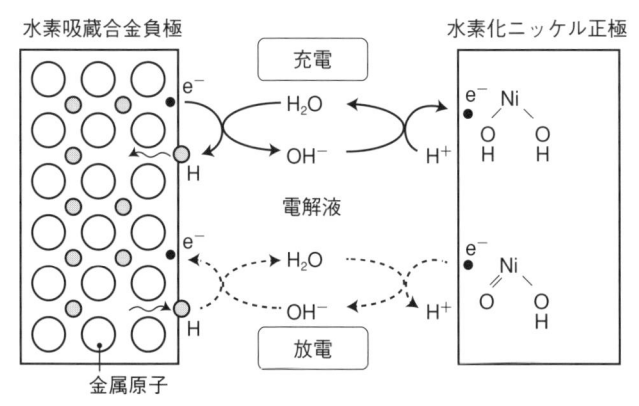

図7-16 ニッケル水素電池の原理

原子Hが負極の水素吸蔵合金MHから正極の水素化ニッケルNiOOHへ移動し、充電時には水素原子Hが、正極のNi(OH)$_2$から負極の水素吸蔵合金Mへ移動する反応である。

　重金属の溶解・析出反応を利用する鉛蓄電池やニッケル・カドミウム二次電池などの従来型二次電池と比べて、電池反応は極めて単純である。すなわち、ニッケル水素電池では、正負両極とも水素の結晶構造内への侵入反応に基づいている。そのため、電極を高密度化しても電極反応が円滑に進行し、原理的には高容量化・長寿命化が可能となっている。

　また、全体としては見掛け上電池反応に水が関与しないので、電解液の濃度は一定に保たれる。ニッケル水素電池の理論起電力は1.32 V、実際の作動電圧は約1.2 Vである。作動温度範囲は充電時約0〜45℃、放電時約−20〜60℃である。

（2）　ニッケル水素電池の特徴

●利　点

① 溶解析出反応を伴わないため長寿命
② 過充電、過放電に強い
③ 高速充放電が可能
④ 鉛、カドミウムなどを用いないので環境にやさしい
⑤ 電池構造がシンプルでありリサイクルが容易
⑥ 理論エネルギー密度が高く、エネルギー効率が比較的高い

●難　点

① 比較的大きい自己放電
② 充電状態管理のために完全放電の必要
③ 満充電時に大きな発熱を伴うため、電池の温度管理が重要
④ 水素吸蔵合金が高価

⑤メモリー効果があるため充電状態管理が必要（メモリー効果：完全放電せずに継足し充電を繰返すと、放電時の電圧が著しく低下する現象）

(3) 風力発電の出力変動平滑化事例

2007年8月より秋田県由利本荘市西目町の風力発電所にニッケル水素蓄電池システムを設置し、川崎重工と富士電機システムズと共同で実証試験が行われた。風力発電の実出力を1/10～1/20にスケールダウンし、その平滑化試験を実施し、制御方法の開発、蓄電池の性能および耐久性評価が行われた。蓄電システムは130 Ah 12 Vの大容量ニッケル水素電池を18直列にして構成されている。図7-17に平滑化試験例を示す。変動の大きい風力発電の出力に対して、蓄電池を組み合わせたことにより平滑化している様子がうかがえる。

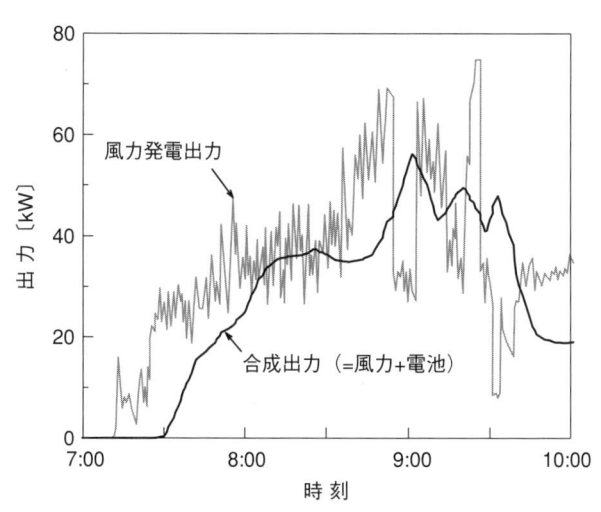

図7-17 ニッケル水素電池による風力発電出力変動緩和の一例[5]

7.4.5 リチウムイオン電池

リチウムイオン電池は、鉛蓄電池やニッケル水素電池に比べエネルギー密度が高く、小型・軽量化が可能なことから、その特徴を活かしこれまで主に携帯電話、ノートパソコン、さらには電気自動車などの電源として使用されている。近年、電気自動車のさらなる普及をのために、電池としての体積は抑えつつ充電容量を上げる研究開発が進められており、目覚しい発展が期待されている。

（1）　リチウムイオン電池の原理

リチウムイオン電池の電極反応は以下のように表される。

$$\text{負極反応：} Li_x(C) \rightleftarrows xLi^+ + xe^- \tag{7-12}$$

$$\text{正極反応：} Li_{1-x}MO_2 \rightleftarrows xe^- \rightleftarrows LiMO_2 \tag{7-13}$$

$$\text{全 反 応：} Li_x(C) + Li_{1-x}MO_2 \rightleftarrows xLi^+ + LiMO_2 \tag{7-14}$$

ここで、x は充電によりドープされた Li の物質量である。

リチウムイオン電池の反応原理を**図 7-18** に示す。リチウムイオン電池は、リチウムイオンが正負極材料結晶中の原子の間に出入りする性質を利用し、放電時に負極から正極へ、充電時に正極から負極へとイオンが移動する性質を利用している。正極負極両極ともに結晶構造を維持したままリチウムイオンの移動だけで充放電が進むと推定されている。鉛蓄電池やニッケル水素蓄電池などのように、充放電により電極の構造が著しく変化する従来の二次電池に比べて劣化が少なく充放電効率がよいなどの特徴を有している。

鉛蓄電池およびニッケル水素電池の電池電圧はそれぞれ 2.1 V、1.2 V であり、電解質として水溶性電解質を用いる。それに対し、リチウムイオン電池は、電池電圧が 3.7 V と非常に高いことから非水系の有機溶媒を電解液として用いている。

非水系でない場合、電解質の分解が副反応として起こり、水素、酸素

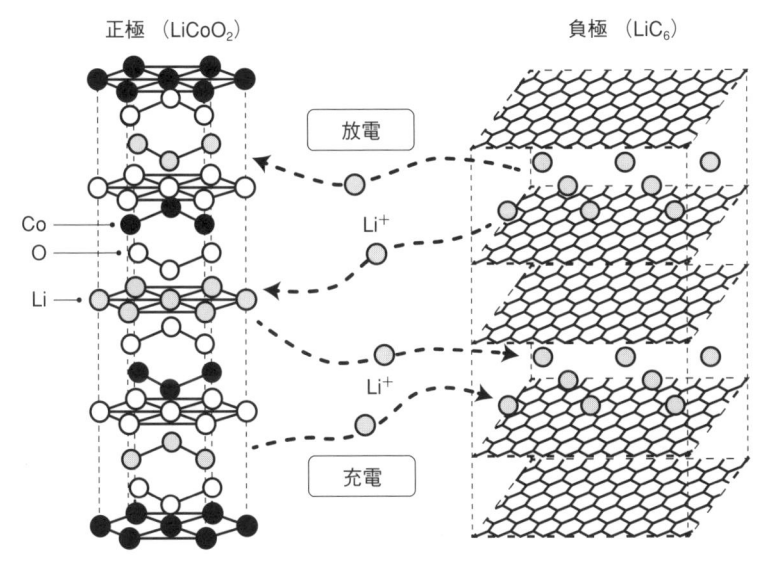

図7-18 リチウムイオン電池の原理

ガス発生反応を起こしてしまい、リチウムイオン電池の安全性を著しく下げることとなる。

非水系電解質の代表的電解液種としては、PC（Propylene Carbonate）、EC（Ethylene Carbonate）などの環状炭酸エステルと、DMC（Dimethyl Carbonate）、MEC（Methyl Ethyl Carbonate）、DEC（Diethyl Carbonate）などの鎖状炭酸エステルとの混合物に六フッ化リン酸リチウム（$LiPF_6$）を溶解したものが使われている。最近では、高電圧でも分解されない電気化学的安定性の高い電解液や、安全性が高い固体電解質の開発も進められている。

正極活物質として当初はコバルト酸リチウム（$LiCOO_2$）が用いられることが一般的であったが、最近はニッケル酸リチウム（$LiNiO_2$）、マンガン酸リチウム（$LiMn_2O_4$）、鉄オリピン酸リチウム（$LiFePO_4$）などを正極活物質に用いることで、特徴のある電池がつくられている。

一方、負極材料には一般的にはカーボン系材料が用いられ、天然黒鉛や石油系コークスなどを用いた人造黒鉛、非品質炭素など、結晶性の異なるさまざまなカーボン系材料が使用されている。また、一部のメーカーでは Si などの合金系材料も採用されている。

　セパレータは一般的にポリオレフィン系の多孔質シートが使われているが、近年安全性向上のためにセラミックスをコーティングしたような高機能セパレータも使われている。

（2）　リチウムイオン電池の特徴

● 利　点

① きわめて高いエネルギー効率

② 小さい自己放電

③ 長寿命が期待できる

④ 急速充電可能

⑤ 充電状態監視が容易

● 難　点

① 安全性の確保（リチウムの水分との反応性、電解質の易燃性）

② 過充電・過放電に弱い（満充電または完全放電を繰り返すと電池性能が著しく低下）

③ 高い材料コスト（電気自動車の半分以上が電池コスト）

（3）　風力発電の出力変動平滑化事例

　三菱重工では愛媛県西部に位置する瀬戸ウインドヒルで発電出力データを取得し、平滑化運転のシミュレーションを行っている。

　瀬戸ウインドヒルでは 1,000 kW 級風車を 11 基有する。**図 7-19** に瀬戸ウインドヒルの実測出力データおよび平滑化時定数を 60 分とした場合の出力波形（計算値）を示す。シミュレーションに用いたシステム仕様は、システム容量：20 MW·h、電池全体総容量：23.1 MW·h、単電

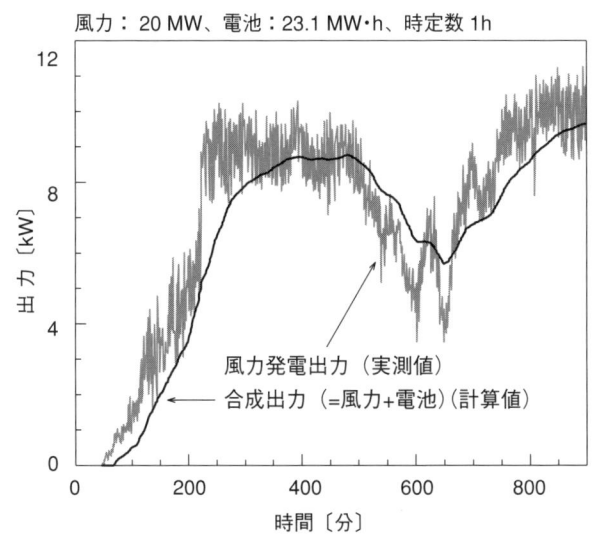

風力：20 MW、電池：23.1 MW·h、時定数 1h

図 7-19　リチウムイオン電池による風力発電出力変動緩和の一例[7]

池個数：34,022 個である。

出力変動をできるだけ平滑化するためには時定数が長い平滑化運転をすればよいが、時定数が長くなると電池側に求められる出力および容量が大きくなる。ただし、平滑化条件はその大規模風力発電所（ウインドファーム）の出力特性や運転モードにもよるため一概には決められないが、周辺に電力変動に追従可能な発電設備がある程度存在すれば時定数60分で十分であろう。

7.4.6　鉛蓄電池

鉛蓄電池は1859年にフランスのガストン・プランテが鉛板2枚の間にフェルト状の布を挟んで巻き、これを希硫酸で満たした容器内で電気分解し、正極表面を二酸化鉛に、負極表面を海綿状鉛に変え、実用電池

を製作したのに始まる。これはいわゆるプランテ式電池と呼ばれ、発明してから約150年を経ており、ほかの新種二次電池に比べ決してエネルギー密度などの性能が優れているわけではないが、いまだに主要な二次電池として市場で使用されている。

これは、経済性、信頼性、安全性、リサイクル性などが評価されているためである。加えて、鉛蓄電池がバランスのとれた特性をもち、またその時々の要求に対応して性能、特性が改善され続けてきたためである。

鉛蓄電池は1880年以降、カミュ・フォールがペースト式極板を発明後、鉛-アンチモン合金格子の出現により電池の量産化が容易になった。日本では、1895年に島津源蔵氏が初めて蓄電池の試作に成功したことに始まり、19世紀末から20世紀初めにかけて据置用、可搬用および電気自動車用などに大容量の電池が多く用いられ、1930年代にガラスマットやクラッド式極板が実用化され産業車両に耐震性を発揮した。

1950年以降は自動車産業の発展に伴い自動車用電池（エンジン始動用）が急速に伸び、1970年からは密閉式の陰極吸収式（制御弁式）小型シール鉛蓄電池が登場し各種のポータブル機器に採用され、その後二輪車や据置用電池などに拡大した。これらの開発により鉛蓄電池は現在まで、二次電池の大容量蓄電池の主流となっている。

（1） 鉛蓄電池の原理

鉛蓄電池は正極活物質に二酸化鉛 PbO_2、負極活物質に海綿状鉛 Pb、電解液に希硫酸 H_2SO_4 を使用した電池であり、反応式は次のとおりである。

$$\text{正　極}：PbO_2 + 4H^+ + SO_4^{2-} + 2e^- \rightleftarrows PbSO_4 + 2H_2O \qquad (7\text{-}15)$$

$$\text{負　極}：Pb + SO_4^{2-} \rightleftarrows PbSO_4 + 2e^- \qquad (7\text{-}16)$$

$$\text{全反応}：PbO_2 + Pb + 2H_2SO_4 \rightleftarrows 2PbSO_4 + 2H_2O \qquad (7\text{-}17)$$

放電反応において、正極・負極両極ともに硫酸鉛 $PbSO_4$ を電極表面に形成する反応が起こる（図 **7-20**（a））。それとは逆に、充電反応では硫酸鉛 $PbSO_4$ が負極、正極でそれぞれ金属鉛 Pb、二酸化鉛 PbO_2 に酸化・還元する（図 7-20（b））。

鉛蓄電池の特徴として、電解液も充放電反応に関与する活物質であることがあげられる。一般的に、水溶液系を電解質とした場合、水の理論分解電圧 1.23 V より大きい電圧を電極間にかけた場合、電解質の分解反応として水素または酸素ガスの発生反応が起こる。鉛蓄電池は、電解液に水溶液を使用しているにもかかわらず、水の理論分解電圧 1.23 V よりも大きい 2.1 V もの起電力が得られる。ほかの電池の電解液がアルカリ水溶液系や有機系であるのに対し酸系電解液を使用していることな

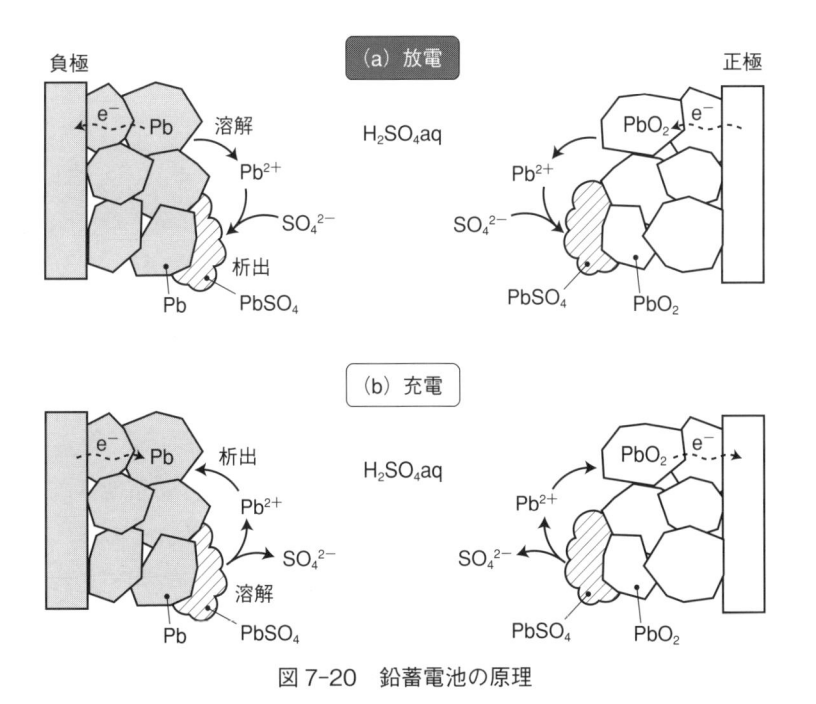

図 7-20　鉛蓄電池の原理

ど、ほかの電池とは種々の点で異なった電池である。

充電が進み電池電圧が上昇すると、正極から酸素ガス、負極から水素ガスが副反応物として発生してしまう。この正極から発生した酸素ガスを負極が吸収反応するので、外部へのガスの発生を抑制するために考えられたのが陰極吸収式である。また、負極が放電状態となることで水素ガスの発生を抑え、電解液の減少が抑制され、補水などのメンテナンスを不要としている。これにより密閉形の鉛蓄電池を二輪車などに利用できている。

（2） 鉛蓄電池の特徴
● 利　点
　① 比較的安価で使用実績が多い
　② 比較的広い温度範囲で動作
　③ 過充電に強い
　④ 高電流密度による放電が可能
　⑤ リサイクル体制も確率

● 難　点
　① 低い充電状態が続くと充電容量が低下
　② 充放電のエネルギー効率が他の電池より低い

（3） 風力発電の出力変動平滑化事例

先に示したナトリウム硫黄電池、レドックスフロー電池および鉛蓄電池を使用し、風力発電の出力変動緩和試験が独立行政法人 新エネルギー・産業技術総合開発機構（NEDO）の委託により「蓄電池併設風力発電導入可能性調査」として2002年に実施されている。その際、鉛蓄電池には新神戸電機社製のサイクル用制御弁式鉛蓄電池が用いられている。鉛蓄電池による出力変動緩和例を**図7-21**に示した。図7-21より、風力発電出力は良好に平滑化されていることがわかり、鉛蓄電池は十分

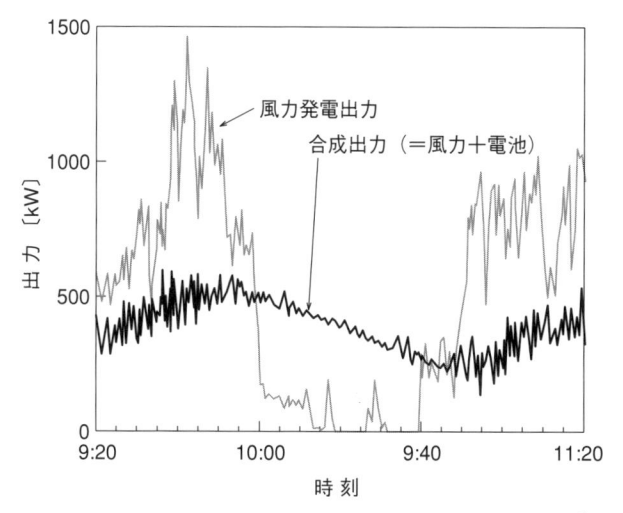

図7-21　鉛蓄電池による風力発電出力変動緩和の一例[8]

使用可能である。また、鉛蓄電池の寿命は17年と期待されている。

　これまでに示してきた風力発電出力の平滑化実験はNEDOなどにより委託を受けて実施されている。今後は大規模ウインドファームにおいて長期実機実験とともに、二次電池の劣化評価およびシステム全体としての電力供給信頼性評価をすすめる必要がある。研究開発によって電池特性が向上した場合はなおさらである。なお、平滑化試験実施例を詳しく知りたい場合は引用元を参照されたい。

7.4.7　電気二重層キャパシタ

　近年、電気二重層キャパシタ（以下、キャパシタ）は、長寿命でメンテナンスが容易という特徴を活かし、瞬低補償装置や鉄道向け電圧補償装置用蓄電体など、比較的高い信頼性が必要となる用途を中心に適用が広がりつつある。最近では、瞬間的に充放電できる特性を利用して、ハイブリッド自動車におけるブレーキング時のエネルギー回生、電池アシ

ストを目的として搭載されている。年々、キャパシタには大容量化と大型化が求められている。

（1） 電気二重層キャパシタの原理

電極間にある電圧がかかったときに、電解液中の荷電粒子は発生した電場に従って荷電粒子が移動した結果、正負の荷電粒子が対を形成して層状をなして電極・電解質界面に並ぶ。この界面付近を電気二重層と呼ぶ。電気二重層キャパシタはこの電気二重層を利用して電流を充放電させる。

キャパシタの主な構成材料は、正極・負極ともに高表面積の活性炭電極、その電極を物理的に絶縁するセパレータ、電解質イオン供給源となる電解質である。キャパシタを充放電させたとき、**図 7-22** に示すように電解質中の陰イオン、陽イオンをそれぞれ正極、負極表面に物理吸着

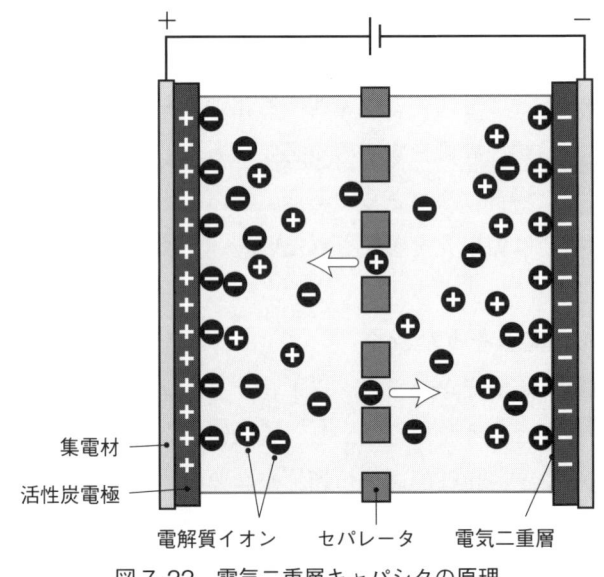

図 7-22　電気二重層キャパシタの原理

させて電気二重層を形成させる。

電気二重層キャパシタの充電容量は、外部からの電流量、電解質中のイオン量、乖離した電解質イオンを吸着することで電荷を蓄える電極の表面積で決定される。電気二重層の厚みは水分子3個分程度と非常に薄く、電気二重層形成は一瞬で起こる。そのため、ほかの二次電池と比べて、電気二重層キャパシタは高速応答性を有する。

(2) 電気二重層キャパシタの特徴
● 利　点
　① 高速な応答性能
　② 電力回生に利用可能
　③ 大電流放電が可能
● 難　点
　① 小さい蓄電容量

7.5 電力貯蔵システムの横断的比較

　日本全体に対して"安定的に"電力供給することを考えると、電気使用量は季節、時間により時々刻々と変化するため、大規模電力貯蔵システムによる電力貯蔵だけでは日本全体を賄うには非常に無理がある。つまり、基本的には各発電所で電力を生産したと同時に消費しなければならない。送電ロスを考えると、電気を生産したその場で消費するのが一番効率がよい。そのため、電力使用量に応じて、電力供給量をあらかじめ予測して調節しなければならないことは述べてきた。日本はエネルギー資源のほとんどを海外からの輸入に依存していることをかんがみると、限りある化石資源や、地球環境問題、さらに経済性なども考えながら、現在ある発電方式の特性を活かして、ベストミックスで発電する必要がある。

　電力消費の多い昼間は、発電所も大量の電力供給が望まれる。変動する電力需要への対応に優れている、つまり応答性の高い発電方式である火力発電や揚水発電によって「ピーク電力」を支えている。他方、電力の負荷変動に対して応答性は悪いものの、発電コストや二酸化炭素排出量を考慮して「ベース電力」として原子力発電方式が日本の4割弱の電力供給を支えてきた。しかし、東日本大震災以降、原子力発電の安全性が問われ続けている現在、風力発電や太陽光発電といった再生可能エネルギーを主体とした発電方式を徐々に増やしていくのが望ましいだろう。そのため、電力貯蔵システムに期待されるところは多々あるが、中でも「再生可能エネルギーの余剰吸収・出力安定化」および「電力需要の負荷平準化」への貢献は期待が大きい。

　ここまでに紹介してきた電力貯蔵システムの貯蔵特性、運転特性、コ

7.5 電力貯蔵システムの横断的比較

スト・環境性について比較した結果を以下に示す。**表7-2**は「力学エネルギー」を利用した電力貯蔵システム比較、**表7-3**は「化学エネルギー」を利用した電力貯蔵システムを比較した表である。評価項目は表7-2および表7-3で統一してあるので横断的に評価可能である。

表7-2において、揚水発電は最も実績がある電力貯蔵システムであり、図7-4で示したとおり、日本においてピーク電力時の電力供給を担っている。それは電力貯蔵規模、応答性、寿命、コストの点で総合的に優れた性能を示すためである。諸外国では実績のある圧力空気貯蔵は蓄電規模・建設コストでは揚水発電に匹敵し、貯蔵効率も高いが、日本においては建設場所が限られていることと応答性が悪いことが難点である。ただ、負荷平準化効果は大きいだろう。

表7-2 力学エネルギーを利用した電力貯蔵システム比較

	揚水発電	圧縮空気貯蔵	超伝導電力貯蔵	フライホイール
貯蔵の特性				
蓄電方式	ポテンシャルエネルギー	圧力エネルギー	磁気エネルギー	運動エネルギー
規模 /MW・h	500–2,500	500–2,500	〜100	〜10
貯蔵効率	65–70%	70–80%	80–90%	60–80%
最大貯蔵時間	日−週単位	日単位	日−週単位	分−時単位
運転特性				
応答性	数分	十数分	瞬時	瞬時
寿命	40年以上	20年以上	30年以上	10年以上
コスト・環境性				
コスト（出力当たり）	20万円/kW	22万円/kW	10万円/kW	12-20万円/kW
設置面積	大	大	中	中
資源的制約	—	—	希土類元素	希土類元素

（電中研レビューNo.17 (1987)、NEDO資料などを参考に作成）

表7-3 化学エネルギーを利用した電力貯蔵システム比較

	Liイオン電池	Ni-MH電池	鉛蓄電池	レドックスフロー	NAS電池	キャパシタ
貯蔵特性						
蓄電方式	化学エネルギー	化学エネルギー	化学エネルギー	化学エネルギー	化学エネルギー	電気エネルギー
規模／MW・h	〜0.1	〜0.1	〜0.1	〜10	〜50	〜0.1
貯蔵効率	95%	80%	87%	82%	87%	70%
最大貯蔵時間	分-日単位	分-日単位	分-日単位	分-日単位	分-日単位	分-時単位
運転特性						
応答性	瞬時	瞬時	瞬時	瞬時	瞬時	瞬時
寿命	10年？	10年？	8-15年	10年	15年	10年
コスト・環境性						
コスト（出力当たり）	20万円／kW	10万円／kW	15万円／kW	30万円／kW	18万円／kW	2-12万円／kW
設置面積	小	中	中	大	小	小
資源的制約	Li	Ni	Pb	V	—	—

（電中研レビューNo.17（1987）、NEDO資料などを参考に作成）

　磁気エネルギーとして貯蔵する超伝導電力貯蔵は、貯蔵効率が高く、高い応答性を有する。フライホイールも超伝導電力貯蔵と同様に応答性が高いため、これら2つの貯蔵方式は蓄電規模が小さいことを考慮すれば、負荷平準化よりは瞬間的電圧低下のバックアップ電源としての用途が考えられる。また、フライホイールに関しては、移動用電源としての用途も考えられるだろう。ただ、超伝導電力貯蔵および超伝導技術を適用したフライホイールはまだ研究段階であり、材料には希少金属を用いるため今後の材料開発に期待するところは大きい。

　表7-3に示した化学エネルギーによる電力貯蔵システムは、化学反応を利用しているため高速応答が期待できる。負荷平準化はもとより非常用電源、家庭用電源、車両用電源、移動用電源として多岐にわたる用途

が見込まれる。ただ、電力貯蔵システム全体として考えたときに、電池によって、貯蔵規模が異なるので、コスト、設計方針などによって適材適所で利用する必要がある。

NAS電池は最も電力貯蔵規模が大きく、風力発電や太陽光発電と併設される場合が多く、現在までに実績を多く積んできている。電力貯蔵システムを構築するうえで初期投資となる建設コストには多くの事業者が注意を払うだろう。その意味で、リチウムイオン電池は高い貯蔵効率、高いエネルギー密度といったメリットがあるものの、高コストや資源的制約を受けることが課題である。

今後の研究開発ではさらなる高寿命化、低コスト化および材料使用量の低減が望まれる。歴史と実績を積んできた鉛蓄電池は設置コストが安いといったメリットは大きいが、エネルギー密度が低く、電力貯蔵メンテナンスが確率されていない。そのため、高効率な大規模電力貯蔵システムを考えるときは、その他の二次電池の適用が多くなるだろう。

力学エネルギーまたは化学エネルギーを利用した電力貯蔵システムに残された課題は未だ山積している。しかし、エネルギーに関して将来の日本像を考えると、再生可能エネルギーを主とした社会構築を目指さなければならない。したがって、技術的に確立された揚水発電は除くとしても、電力貯蔵システムとしてシステム全体の効率アップや今後の材料開発による性能向上に期待するところは大きい。

〔参考文献〕
1) 「原子力・エネルギー」図面集 2011、URL：http://www.fepc.or.jp/library/publication/pamphlet/nuclear/zumenshu/digital/index.html.
2) 電気事業連合会HP、URL：http://www.fepc.or.jp/enterprise/supply/bestmix/index.html.

3) 電気化学会エネルギー会議 電力貯蔵技術研究会:大規模電力貯蔵用蓄電池、日刊工業新聞社、p42
4) 引用:電気化学会エネルギー会議 電力貯蔵技術研究会:大規模電力貯蔵用蓄電池、日刊工業新聞社、p92
5) 龍治真ら:大容量ニッケル水素蓄電池「ギガセル」の特徴とその応用、JETI、Vol.56、No.14、pp19-22(2007)
6) パナソニック社、リチウムイオン電池HP、URL:http://industrial.panasonic.com/www-data/pdf/ACA4000/ACA4000PJ3.pdf
7) 三菱重工技報、44(4)、27(2007)
8) 新神戸テクニカルレポート No.21、15(2011)

第8章 未来社会におけるエネルギーシステム

　いま人類は資源と環境の共生に大きな課題をもっている。この課題を克服し、豊かな未来と持続形社会を支えるものが再生可能エネルギーをベースにしたグリーン水素エネルギーシステムである。

　ここでは、変動の大きい再生可能エネルギーの貯蔵、輸送媒体として水から得られる水素を利用する、という未来像をみていく。

8.1 持続形成長への道

　人類は豊かな未来に向かって進むべきで、今の社会がそれを否定するものであってはならない。地球温暖化問題はまさに、未来の豊かな社会に警鐘を鳴らすものである。エネルギー資源は文明を支える根幹である。エジプト文明、メソポタミア文明は、当時のエネルギー源である多量の薪を確保できずに消滅した。現在の化石エネルギーにもとづく文明の行き着くところは地球破壊につながる可能性もある。化石エネルギーに替わり原子力エネルギー利用も考えられるが、絶対安全な技術はないこと、さらには廃棄物処理に向けて有効な方法が見出されていない現状では、持続形社会を支えるのは困難と考える。

　持続形社会のスパンについては、これまでの人類の歴史を考え、少なくとも1000年の期間を考えるとする。化石エネルギーに関しては、シェールガスをはじめ新たな資源の発見、実用化もあるが、これから500年以上の活用を保証する人はいないであろう。残りのオプションは再生可能エネルギーしかない。

8.1.1　再生可能エネルギーの種類

　再生可能エネルギーの主体は水力発電、太陽光発電、風力発電といった太陽エネルギーを根源とするもの、さらには地熱発電のように地球内部にもつエネルギーを利用するものである。いずれも存在量は莫大であり、人類が1000年にわたって消費してもなくなりそうもない。これらの再生可能エネルギーのうち水力発電、地熱発電は利用しやすいエネルギー源であるが、地域として偏在しており、開発しやすいところは開発済みで、今後の増大する世界レベルでのエネルギー需要に対して主役と

して役立つことは困難である。

そこで太陽光発電、風力発電がこれからのエネルギー需要をになう再生可能エネルギーとして期待され開発が進められている。ただし、これらのエネルギーは変動が大きく、かつ発電適地も地域的に限られており、利用拡大が進むにつれ輸送、貯蔵技術が重要となる。ここで電気エネルギーの貯蔵物質としての化学物質、中でも水素はその役目をになうことができるはずである。

8.1.2 水素エネルギーシステム

図 8-1 には未来の水素エネルギーシステムが成立したときの構成を示す。一次エネルギーは化石エネルギー、核エネルギー（原子力エネルギー）、再生可能エネルギーに分けてあるが、将来は再生可能エネルギーの利用拡大に向けて技術は進むべきであることはいうまでもない。

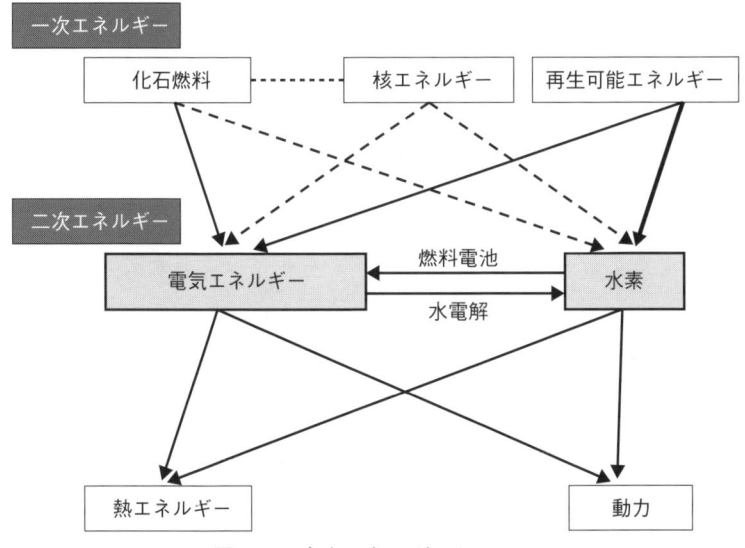

図 8-1　水素エネルギーシステム

二次エネルギーとしては電気と水素を考えている。クリーンで使いやすい二次エネルギーである電気は、その需要を拡大しつつある。しかしながら電気は作ると同時に使用する必要があり、そのままの形では貯蔵することはできない。太陽光発電、風力発電が大幅に導入される時代となるとその平滑化は重要な課題となる。時間単位の変動ならともかく、週単位、月単位の変動を吸収するとなると二次電池に頼るのは無理であろう。

　ここでは揚水発電、ないしは水素のよるエネルギー貯蔵が重要な役目を担うことになる。揚水発電に比べると、水素エネルギーによるエネルギー貯蔵は、変換効率では劣るものの、小規模から大規模にいたるまで幅広い利用範囲が考えられる。また、海を越えての長距離再生可能エネルギーの輸送には欠かすことができないであろう。ここで水素エネルギーによる電力貯蔵、輸送をベースとして水素エネルギーシステムができあがる。再生可能エネルギーを利用して、地球上に無限に近い大量に存在する水を電気分解してできる水素をグリーン水素と呼ぶこととし、このグリーン水素を二次エネルギーとして利用すると、現状の化石エネルギーを用いたシステムより格段に環境に優しいエネルギーシステムができあがり、しかも、一次エネルギーは無限に得られので、人類の持続形成長に向けて、最適、あるいはこれしかないエネルギーシステムとなる。

　この水素エネルギーシステムでは二次エネルギーである電気と水素の相互変換技術が重要であり、水素から電気を生み出す燃料電池、電気エネルギーを用いて水から水素を作る水電解は欠かすことのできない技術となる。二次エネルギーとして電気と水素が得られる社会では、現在利用されているシステムを大幅に変更することなくクリーンエネルギー社会へと展開が可能となり、大きな環境制約、資源制約を受けることなく豊かな文明を享受することが可能となるはずである。

8.2 未来の水素エネルギー社会

再生可能エネルギーを用いて水から得られた水素をグリーン水素と呼ぶと、このグリーン水素エネルギーが人類にとって、究極の持続的成長をもたらすエネルギーシステムとなり得る。**図 8-2** には未来のグリーン水素エネルギー都市を模式的に示す。ここでは安心・安全な技術を基盤に組み上げられているべきことを示している。

水素をつくるためには太陽光、風力エネルギー、バイオマス、いずれもが考えられる。規模も家庭用の小規模なものからパタゴニアの風力利用、アイスランドの地熱利用、あるいはサハラ砂漠の太陽光利用を考えた地球レベルでの超大規模なものまでが考えられる。

ここから得られる水素は、家庭用のように小規模な場合は気体として

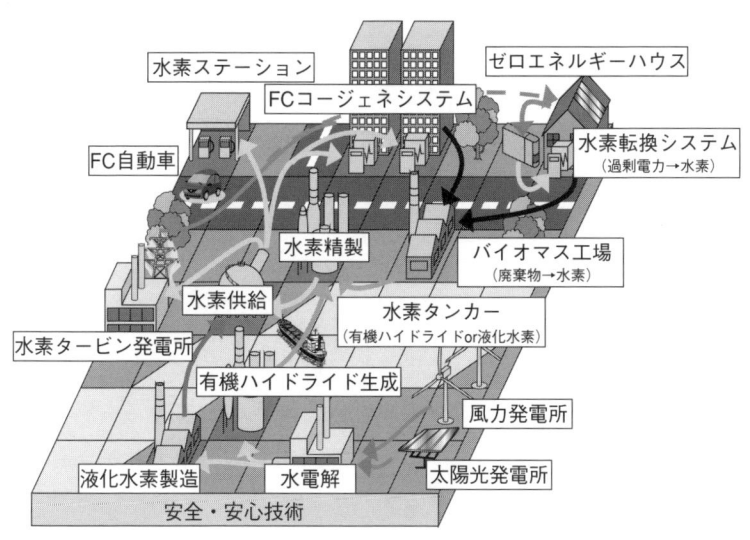

図 8-2　グリーン水素を基盤とした水素エネルギー社会

ボンベに貯蔵されるか、金属水素化物としてコンパクトに貯蔵されるかになろう。高圧貯蔵に関連して燃料電池自動車の燃料タンクに蓄えられることも考えられる。なお、金属水素化物による水素貯蔵はニッケル水素蓄電池の水素貯蔵材料として、単3型、単4型アルカリ蓄電池に大量に使われており、リチウム二次電池に比べて安全であり、小規模の電力貯蔵システムとして役立っている。大規模な貯蔵法としては、液体水素、あるいは有機水素化物が考えられる。

液体水素は純水素でありエネルギー密度は高いが、沸点が−250℃と極端に低いので、冷やすためのエネルギー、蒸発による損失を小さくするための技術開発が欠かせない。有機水素化物としてトルエン−メチルシクロヘキサン系を考えると、水素の吸蔵量が6 wt％と小さく、水素吸蔵あるいは脱水素プロセスにおいて熱の出入りがあるものの、常温で液体であり、今の石油系燃料と同様なインフラを用いて貯蔵、輸送が可能となる利点はある。

8.2.1 グリーン水素の輸送

グリーン水素の輸送に関して、短距離、大量の輸送は水素パイプラインによることになろう。現在でも、石油化学コンビナート内では水素のパイプライン輸送が大量に実施されており、欧州ドイツでは数百キロに伸びる水素パイプラインが稼働している。パイプラインを敷設すれば長距離輸送も十分に可能であろう。しかし、これのインフラ整備には時間とコストが膨大にかかる。パイプラインのインフラが整わない場合、有機水素化物あるいは液体水素がその役目を担うことになる。特に海を越えての長距離輸送にはパイプラインは不適当で有機水素化物あるいは液体水素の活躍の場となるはずである。

水素利用は家庭内での小規模な事例からオフィスビルなどある程度の

規模での利用、さらには現在の火力発電所規模の大きいものまで多岐にわたっている。小型でも効率低下が少なく、排出ガスが水だけで環境汚染もない水素を燃料とする燃料電池は分散型発電の主力システムとして活躍が期待されている。

交通手段としては乗用車からトラックまでの大小の自動車、航空機、船舶いずれの輸送手段の燃料として水素は役立つことができる。2015年にはアジア、欧州、北米で燃料電池自動車の実用車が販売される予定である。大きくて重たいという電気化学システムの欠点を克服して、エネルギー出力密度 2 kW/L という内燃機関にも匹敵するまでになった自動車用燃料電池は近年の特筆すべき技術成果である。この燃料電池は電極触媒に白金を用いるが、これに替わる新たな酸化物系非貴金属触媒が開発できれば、大幅なコストダウンとともに白金利用の資源制約からも解放されることになる。

スマートフォンをはじめとする携帯用小型通信機器は、ソフトウェアの進歩により利便性が大いに高まっている。これにも電源として燃料電池を用いることができれば通信時間の制約無しに利用でき、その高機能を十分に利用することができるようになる。

大型、小型の燃料電池の技術の進展は近い将来こういったものが現実にマーケットに現れるはずである。水素は燃料電池の燃料として用いることにより、高いエネルギー変換効率や高い環境適合性という燃料電池の特徴が最も発揮できることになる。

豊かな文明を享受しつつ持続型社会を維持していくのは難しい課題と考えられてきた。しかし、再生可能エネルギーをベースとした水素エネルギー社会、すなわちグリーン水素社会はまさにこれが実現できる社会である。このための技術は基本的にできあがっている。いまは、この目標に向けた着実な進展を始めるときである。

おわりに

　人類は 18 世紀後半の産業革命において、熱を継続的に力学仕事に変える手段、すなわち熱機関を手に入れた。その力学仕事を、使いやすい電気エネルギーに変えることで近代物質文明を築き上げてきた。現在、地球上に展開している豊かな物質文明は、化石燃料の大量消費によってもたらされる「熱」に支えられている『火の文明』である。この文明のあり方を根本から変えようというのが再生可能エネルギーである。再生可能エネルギーからの水力発電や太陽光発電、風力発電などは熱を経由しない電気エネルギー産出方式である。しかしながら、解決しなければならない問題が数多くあり、その実現は決して容易ではない。

　これからの日本文明を支えるエネルギーシステムをどうするかということは、日本国民一人ひとりが考えていかなければならない。本書は、そのための基礎的知識を持っていただくことを目的としている。そのため日本のエネルギー事情や再生可能エネルギーの基礎と現状、そして課題についてはもちろん、エネルギーとは何かといった根本的な理解もしていただけるような解説を試みた。本書が、エネルギーに対する理解を深め、読者のみなさんがエネルギー問題を考える際に役立つことがあれば、著者のひとりとしてこれに優る喜びはない。

　本書の発行に際して、日刊工業新聞社の奥村功氏、エム編集事務所の飯嶋光雄氏をはじめ編集・印刷に携わっていただいた方々には多大なご尽力をいただいた。ここに記して謝意を表します。

2012 年 3 月 11 日　　　　　　　　　　　　　　横浜国立大学　石原顕光

索　引
(五十音順)

あ

- アクセプター ……………………………… 53
- アクセプターイオン ……………………… 56
- 圧縮空気貯蔵 ……………………………… 174
- アルカリ形燃料電池 ……………………… 125
- アルカリ水電解 …………………………… 155
- 一次エネルギー …………………………… 9
- エネルギー環境負荷係数 ………………… 135
- エネルギー貯蔵技術 ……………………… 86
- エネルギーの質の低下 …………………… 39
- エネルギーの種類 ………………………… 168
- エネルギーの定義 ………………………… 25
- エネルギーの変換効率 ………………… 27, 44
- エネルギー密度 …………………………… 101
- エネルギー密度の比較 …………………… 152
- エントロピー ……………………………… 8
- オルト・パラ存在比 ……………………… 110
- オルト水素 ………………………………… 110

か

- 核磁気モーメント ………………………… 110
- 確認可採埋蔵量 …………………………… 17
- 化石エネルギー …………………………… 9
- 化石資源を利用した水素製造 …………… 139
- 価電子帯 …………………………………… 51
- 逆転温度 …………………………………… 114
- キャリア …………………………………… 52
- 吸収端エネルギー ………………………… 57
- 禁制帯 ……………………………………… 51
- クラウジウス …………………………… 39, 42
- グリーン水素 ……………………………… 216
- グリーン水素の考え方 …………………… 108
- 系統連系 …………………………………… 85
- 原子力 ……………………………………… 10
- 高温の熱エネルギー ……………………… 33

- 固体高分子形燃料電池 …………………… 125
- 固体高分子形水電解 ……………………… 155

さ

- 最終消費エネルギー ……………………… 11
- 再生可能エネルギー ………………… 9, 17, 214
- 三重水素 …………………………………… 124
- 仕事率 ……………………………………… 9
- 自然エネルギー …………………………… 10
- 重水素 ……………………………………… 124
- 周波数変動 ………………………………… 95
- ジュール・トムソン係数 ………………… 113
- 主要国の一次エネルギー構成比率 ……… 21
- 瞬時電圧低下 ……………………………… 93
- 瞬低補償装置 ……………………………… 205
- 小水力発電 ………………………………… 48
- 新エネルギー ……………………………… 10
- 水素イオン濃度 …………………………… 124
- 水素エネルギー …………………………… 106
- 水素エネルギーシステム ………………… 215
- 水素エネルギー貯蔵 ……………………… 181
- 水素吸蔵合金 ………………… 123, 125, 182
- 水素貯蔵量 ………………………………… 101
- 水素とハロゲン元素 ……………………… 116
- 水素の主な製造法 ………………………… 137
- 水素分子の化学的特徴 …………………… 114
- 水素分子の物理化学的性質 ……………… 110
- 水力発電 …………………………………… 70
- スマートグリッド ………………………… 90
- 正孔 ………………………………………… 53
- ゼロギャップ方式 ………………………… 162

た

- 太陽光発電 …………………………… 46, 50, 59
- 太陽熱発電 ………………………………… 46
- 多接合太陽電池 …………………………… 58

炭化水素系電解質	125
単接合太陽電池	58
炭素循環と水環境の比較	134
地域間連系線	96
地球環境のエントロピー	130
地熱貯留層	74
地熱発電	47, 74
地熱発電開発動向	76
調整池式	72
超伝導電力貯蔵	177
潮力発電	47
貯水池式	72
定置用水素貯蔵容器	126
電圧補償装置用蓄電体	205
電解質	185
電荷担体	52
電気エネルギー	170
電気化学システム	185
電気と水素の相互変換技術	216
電気二重層キャパシタ	205
電池	184
電力貯蔵システム	172
電力の逆流	92
ドープ	52
ドナー	52
トリチウム	124

な

ナトリウム硫黄電池	187
鉛蓄電池	201
二次エネルギー	9
ニッケル水素電池	194
熱エネルギー	6, 169
熱化学水素製造プロセス	144
熱化学分解法	138
熱機関の理論効率	36
熱力学第一法則	30
熱力学第二法則	31
燃料電池	123
ノルマル水素	110

は

| ハードストライク | 69 |
| バイオマスエネルギー | 48、79 |

バイオマスからの水素製造	149
配電線電圧分布の変化	92
バイナリーサイクル方式	78
バッチ形水素輸送容器	126
パラ水素	110
半導体光触媒	146
バンドギャップ	51, 56
飛行船ヒンデンブルグ号	122
標準エンタルピー変化	106
標準ギブズエネルギー変化	106
ファラデーの電磁誘導の法則	25
風力エネルギー密度	63
風力発電	47, 66
フェルミ準位	53
不純物	52
物質の存在空間の拡大	39
部分酸化法	139
フライホイール電力貯蔵装置	180
プランテ式電池	202
分散電源	93
平滑化運転	186
ホール	53
ボルツマン水素	110

ま・や・ら

水からの水素製造	141
水循環の模式図	133
水電解槽の規模	160
水電解の反応	154
水の熱化学分解法	143
メタン水蒸気改質法	139
有機ハイドライド	183
揚水発電	174
溶融炭酸塩形燃料電池	124
力学エネルギー	6, 169
リチウムイオン電池	198
励起	52
レドックスフロー電池	190

欧文・数字

6つのエネルギー	9
pHの概念	123
p-n接合	54

◎執筆者一覧◎

【監修】

太田　健一郎　　(横浜国立大学)

【執筆者】

太田　健一郎　　(横浜国立大学)
　　　　　　　　1-1節、5章、8章

石原　顕光　　　(横浜国立大学)
　　　　　　　　1章、2章、3章、5章、6-1節、6-2節、6-4節、6-5節

大山　力　　　　(横浜国立大学)
　　　　　　　　4章

松澤　幸一　　　(横浜国立大学)
　　　　　　　　6-3節

光島　重徳　　　(横浜国立大学)
　　　　　　　　6-6節

大城　善郎　　　(横浜国立大学)
　　　　　　　　7章

【編集協力者（順不同）】

野崎　健　　　　(独立行政法人 産業技術総合研究所)

伊庭　健二　　　(明星大学)

田中　晃司　　　(東京電力株式会社)

小川　幸治　　　(日本ガイシ株式会社)

重松　敏夫　　　(住友電気工業株式会社)

石川　勝也　　　(川崎重工株式会社)

橋本　勉　　　　(三菱重工業株式会社)

高林　久顯　　　(新神戸電機株式会社)

高根　稔明　　　(株式会社 明電舎)

根岸　明　　　　(独立行政法人 産業技術総合研究所)

内山　俊一　　　(埼玉工業大学)

佐藤　完二　　　(独立行政法人 科学技術振興機構)

嘉藤　徹　　　　(独立行政法人 産業技術総合研究所)

氏家　諭　　　　(関西電力株式会社)

再生可能エネルギーと大規模電力貯蔵　　NDC501

2012年3月30日　初版1刷発行　　（定価はカバーに表示してあります）

　　監修者　　太田健一郎
ⓒ　編　者　　横浜国立大学グリーン水素研究センター
　　発行者　　井水治博
　　発行所　　日刊工業新聞社
　　　　　　　〒103-8548　東京都中央区日本橋小網町14-1
　　電　話　　書籍編集部　03（5644）7490
　　　　　　　販売・管理部　03（5644）7410
　　ＦＡＸ　　03（5644）7400
　　振替口座　00190-2-186076
　　ＵＲＬ　　http://pub.nikkan.co.jp/
　　e-mail　　info@media.nikkan.co.jp
　　企画・編集　エム編集事務所
　　印刷・製本　新日本印刷（株）

落丁・乱丁本はお取り替えいたします。
2012 Printed in Japan
ISBN 978-4-526-06852-2　C3054

本書の無断複写は、著作権法上の例外を除き、禁じられています。